图解 底层逻辑

甄知 编著

成都地图出版社

图书在版编目（CIP）数据

图解底层逻辑 / 甄知编著 . -- 成都 ：成都地图出
版社有限公司，2024.7. -- ISBN 978-7-5557-2583-1

Ⅰ . B804.1-64

中国国家版本馆 CIP 数据核字第 202483W291 号

图解底层逻辑
TUJIE DICENG LUOJI

编　　著：甄　知

责任编辑：王　颖

封面设计：春浅浅

出版发行：成都地图出版社有限公司

地　　址：成都市龙泉驿区建设路 2 号

邮政编码：610100

印　　刷：三河市泰丰印刷装订有限公司

开　　本：880mm×1270mm　1/32

印　　张：6

字　　数：140 千字

版　　次：2024 年 7 月第 1 版

印　　次：2024 年 7 月第 1 次印刷

书　　号：ISBN 978-7-5557-2583-1

定　　价：39.80 元

有人曾经问巴菲特："为什么别人投资有赔有赚，而你却很少失手呢？"

巴菲特回答说："可能是因为我看到的东西比别人多一些。"

别人投资买股票，看重的是这家公司的盈利能力，但巴菲特看重的却是这家公司的行业前景、公司制度和文化。这些不被人注重的因素，恰恰是决定股票价格的关键。

大部分人都活在自己的思维框架里，习惯用固化的逻辑进行思考，所以才有人说，世界上最大的监狱是人的思维。当我们总把自己的认知边界当作世界的边界时，我们就将自己囚禁在了思维的牢笼之中，成了那只"井底之蛙"。

而那些能够冲破思维牢笼，看透事物本质，抓住事物底层逻辑的人，和花一辈子时间也看不清事物内在本质、抓不住事物底层逻辑的人，命运是截然不同的。底层逻辑决定了一个人的思维模式，决定了一个人的行为特点，决定了一个人的能力结构，也决定了一个人的命运。

拥有了底层逻辑，就拥有了打开世界任意一扇大门的"钥匙"。表面看起来，这大千世界的知识林林总总，每个领域都有自己的专业知识，但是这些领域的底层逻辑都是相通的。事物越深挖，越接近底层，并且道理越简单，因为底层逻辑就是规律，规律是不分行业的，它是一通百通的。

一旦掌握了世界的"底层规律"，就可以由一滴水看到整片大海，由一棵树看到整片森林，由一粒沙子看到整片沙漠。在我们面临环境变化时，只有底层逻辑才能被应用到新的变化中，从而产生适应新环境的方法论。

因此，我们要学习底层逻辑，这样才能在陷入困境时，拥有开放的视野，拥有无尽的想象力，拥有直击事物本质的能力。可以说，我们的思维层次越高，我们的价值就越大。底层逻辑越清晰，解决问题的能力就越强，发展机会也就越多，成就也就越大。

CONTENTS
目 录

认知觉醒，改变自我的原动力

掌控了情绪，就等于掌控了人生

第三章

提升自身能力，就是提高自身价值

第四章

培养正确思维，洞悉事物本质

第五章

强者努力，王者借力

第六章

逻辑通了，沟通就顺畅了

第一章

认知觉醒，
改变自我的原动力

造成人与人之间差距的终极原因，不是天赋，不是家庭背景，也不是后天的机遇和努力，而是认知能力和认知水平。人的成长，其实就是认知能力的不断升级。

戒掉固化思维，
开启人生新篇章

　　某市图书馆新馆建成，全体人员高兴之余，发现了一个棘手的难题，那就是旧馆藏书数量巨大，将几百万册图书从旧馆搬运到新馆，光是运输就要花费一笔不小的费用，加上整理、搬运等，不但影响图书馆的运营，还会产生一笔数量巨大的支出。

　　就在大家一筹莫展之际，一个小伙子站出来说："我们可以免费借书给广大市民，要求他们从旧馆借书，到新馆还书。"就这样，不到一个月的时间，旧馆的图书全部"转移"到了新馆。

不会让我们自己一本一本地搬运吧？

很简单，免费借书给市民，让他们从旧馆借，到新馆还，问题不就解决了吗？

旧馆有几百万册图书，咱们建新馆花了很多钱，没钱支付运输费了，这可怎么办呀？

◆ 逻辑剖析

我们的生活中有很多思维固化的产物，比如：脾气比较倔，性格比较犟，做事有点杠，接受不了新的事物，也接受不了新的观点。具有这些特点的人不是不思考，他们也会思考，只是他们的思考模式是一种固定的模式。造成思维固化的原因，就是习惯。当我们习惯了做事只使用某种方式时，会享受到这种方式带来的"省时、省力"，一旦要做出改变，就会经历一个痛苦的过程，所以思维一旦固化，人就不愿意做出改变了，而这等于拒绝成长。因此，我们只有戒掉固化思维，打开心智，才能持续成长。

◆ 方法点拨

想要走出困局，就要学会改变。改变的背后是学识和阅历的积累，是思维与认知的改变。

· 跳出思维定势，不要画地为牢

打破固化思维的第一步，就是跳出思维定势，不要画地为牢。人的思维由认知决定，而行为又被思维支配。因此，想要在行为上做出改变，就要敢于突破固有思维。这需要勇气，需要经历，需要接受新的知识。先提升自己的认知，然后再去尝试，最终实现改变。

· 从小事做起，改变旧有习惯

当我们每天过着十分规律的生活，面对着同样的人和事时，就容易习以为常，时间久了，思维就容易被固化。因此，我们要有意识地进行改变。可以先从生活中的一件小事开始，比如：换一条回家的路，尝试一种新的穿衣风格，读一本从未涉猎过的领域的书籍……从这些小事中去体验未知，体验微小的改变和不确定性，让大脑受到刺激，从而激活思维。

· 摆脱经验主义，走出思维陷阱

经验是个好东西，可以帮助我们快速解决很多问题，但是过于依赖经验，就不是好现象了。当大脑习惯性地依靠经验时，就会形成固定的想法。这意味着一旦出现类似的问题，就会想要按照过去的方法去解决。可是时代在进步，社会在发展，没有一种经验可以永远适用。因此，我们要像"乌鸦喝水"一样，突破思想的束缚，跳出直觉与经验的框架，多去寻找更多解决问题的方法。

正确的事反复做，
成功的概率会翻倍

　　王女士一直对自己的身材不太满意，于是下定决心减肥。她的减肥方式很简单，就是控制饮食。每天早饭、午饭都是正常吃，但是吃饱后就立刻起身离桌，再美味的食物也绝不贪嘴。每天晚饭6点左右吃，只吃七成饱，吃完出去散步，晚上7点以后不再吃任何东西。

　　就这样，一个月后，王女士的体重减轻了2千克。坚持了半年后，王女士的体重减轻了5千克，维持在她十分满意的水平上。

006

♥ 逻辑剖析

在概率学里有一个"大数定律"，意思是说，当一件事你做的次数足够多，那么最终的结果就是确定的。这也意味着，正确的事情只要反复做，最终成功的概率就会大大增加。我们要明白，人生中大部分事情都是概率事件，没有方法能让我们100%成功。但是如果你认准一件正确的事，那么把这件事情重复做，虽然不一定会100%成功，但成功的概率会非常大。

♥ 方法点拨

正确的事情重复做，能大大增加成功的概率。那么，我们应该怎么做呢？

· 成功的第一步是找到正确的事

人在一生中会做很多事，但这些事情中有的是正确的，有的则是错误的。如果我们做的事情是错误的，还一直重复，那基本上不会成功了。因此，成功的第一步是找到正确的事情。那什么样的事情才是正确的事情呢？就是这件事情你一旦坚持下去，就一定会有进步，比如健身，你只要科学地坚持下去，身体就会越来越好，这样的事情就是正确的事情。相反，一件事情如果不会让你变得更好，那就不是正确的事情。

· 保持刻意的练习，提升自己的水准

有人说："上班是正确的事情吧？我每天坚持上班，为什么还没有成功呢？"上班是正确的事情，但这并不意味着我们随随便便地坚持下去，就能增加自己成功的概率。因为想要成功，除了重复做以外，还需要保持刻意的练习。也就是说，坚持低水平的重复，并不能给我们带来更大

的收益，在重复做的基础上，我们还需要不断成长，提升自己的能力去面对重重阻力和困难。

· 拉长时间维度，有计划地去行动

很多事情说起来容易，做起来难，重复做正确的事情就是如此。很多人会因为一件事情太过简单而放弃，也会因为遇到困难而放弃，还会因为时间久了看不到效果而放弃……而能够坚持下去的人，往往能站在更长的时间维度去看待目标。当我们确立一个宏大的目标后，不要想着一蹴而就，而应该先把这个目标细化成一个个小目标，变成一件件可执行的事情，这样坚持下去就会相对简单得多。同时，当我们站在更长的时间维度去思考问题时，也能给自己带来更强的动力，让自己能坚持更长的时间。

克服天性，
走出自我开脱的怪圈

♥ 案例重现

　　小李是一名编辑，长时间伏案工作令他的身体素质不断下降。年初，他看到别人在健身房健身，冲动之下，他也办了一张健身卡。起初，小李还能天天坚持。但没过多久，他就开始松懈了，每天都有不同的借口"逃避"健身。今天同事聚会，不去了；明天加班，不去了；后天好不容易休息一天，只想在家睡大觉，不去了……

　　年底，小李看着躺在抽屉里的健身卡，开始后悔：这些钱就这样打水漂了！

李先生，您好几天没来健身了，今天有时间吗？人不多，过来运动运动吧。

天阴沉沉的，健身汗流浃背，又脏又累，还是躺在家里舒服！

教练，真不好意思，我看今天天气不太好，怕一会儿下雨，改天再去吧。

生活中，很多人都是这样，一边放纵自己，一边又陷入痛苦纠结之中。其根源在于本能战胜了理智。人类的本能从一出生就存在了，而人类的理智需要经过后天的成长和努力才能形成。本能和理智之间的较量，就像一个成人和一个孩子之间的比拼，差距显而易见。而成长就是克服天性的过程。

❤ 方法点拨

孔子说："好学近乎知，力行近乎仁，知耻近乎勇。"当我们拥有了自省自勉的能力时，就能勇敢地面对自己，战胜自己，成就自己。

· 懒惰的时候，别为自己找借口

很多时候，我们不是天赋不够，也不是事情太多，而是因为懒惰，并且会找各种各样的借口来掩饰自己的懒惰，懒惰一经掩饰，就会造成行动上的拖延和懈怠。因此，千万不要误以为安逸的生活是种福气，当你感到无聊、消沉的时候，懒惰已经剥夺了你对人生的追求。

《礼记·学记》中说："玉不琢，不成器。"同样，人不练，也不成材。所以，当你因为怕累想要放弃努力，因为嫌麻烦想要选择清闲的时候，要知道这是懒惰的思想在麻痹你，如果你屈服了，那等待你的将是后悔和抱怨。人生只有一次，想过自己想要的人生，就要努力去争取，千万别为懒惰找借口。

· 摒弃宿命论，人生要自己做主

当一个人开始"信命"时，往往意味着他开始放弃自我。运气不好，就要放弃吗？总是倒霉，就应该一蹶不振吗？宿命论其实是那些缺乏意志力的弱者为自己找的借口。聪明的人会深刻认识自己，绝不会向命运低头，他们敢于弥补自己的短板，冲破命运的"天花板"，将自己的优势发挥到极致，让自己的人生越走越顺。

· 可以一时忙，但不要一直忙

生活中有一个很常见的现象：说到学习、健身这样的事情时，人们总会觉得自己很忙，忙到没有时间去做这些，但却有时间去刷短视频、看八卦。那到底是忙还是不忙呢？或许对一些人来说，忙并不是借口，但一直忙肯定是借口。很多人在遇到困难或有挑战性的事情时，常常会用"忙"来为自己开脱，但真正自律的人绝不会以"忙"为借口，他们认准的事情，总会挤出时间去完成。人生其实很短暂，别总是把"忙"当作自己不想努力和付出的借口，否则时间久了，假"忙"就会变成真"盲"。

价值观决定选择，
选择决定命运

● 案例重现

　　小杰最近挣了一笔外汇，他本想去银行兑换成人民币，但是在银行门口碰到了一个年轻人，年轻人口口声声说自己急于出手一些外币，因此汇率比银行低，想要跟小杰私下里交易。小杰信以为真，还以为自己运气好，便痛快地同意了。然而小杰换完才发现，他遇到了骗子，整整损失了 2000 元，因为兑换的外币里有假币。

❤ 逻辑剖析

　　很多时候，人们总认为是一时糊涂才犯了错，其实不然。人之所以会犯错，其实是根源于其价值观。所谓价值观，简单来说，就是知道什么好，什么更好，什么最好。所以价值观决定了一个人生活与做事的优先级，觉得"便宜没好货"的人，就绝不会贪小便宜；而认为"有便宜不占白不占"的人，大多会因为贪小便宜而吃大亏。所谓"万事之始源于心，万事之治归于心"，只有树立正确的人生观、价值观，才能在面对选择时，做出最正确的，或者说最适合自己的决定。

❤ 方法点拨

　　既然清楚了价值观决定命运，我们就要不断提升自己的思想，树立正确的价值观。

· 学会全局思考，避免以偏概全

　　在打磨价值观的过程中，要避免以偏概全，即把自己的观察当作所有人的观察，把自己的看法当作所有人的看法，把自己的感受当作所有人的感受。当你只站在自己的角度分析问题时，就会局限于自己的经验和思考，不能从全局视角来看待问题、思考问题。

　　因此，我们要多关注外界的反馈，并在这个过程中尽量过滤掉自己的情绪，注重实际。同时，要敢于否定自己的想法，尤其是那些看似能帮助我们快速解决问题的经验。当这些经验不生效时，我们要及时否定它、更迭它。当我们剔除脑海中不正确的观念、接纳新的认知时，我们就能树立起正确的价值观。

· 不断审视自己，发现自身问题所在

一个人如果看不到自身的缺点，总是将错误与失败归咎在别人身上，那么他就很难超越自我。因为只有向内归因，才能向外成长。懂得反思的人在遇到不顺的事情时，会从自身出发找问题，实现自我的改变。这就是聪明的人和愚蠢的人的区别，聪明的人同样的错误只会犯一次，而愚蠢的人同样的错误会犯很多次，甚至屡教不改。因此，想让自己得到快速的进步，就要多花一点时间来自省。

· 与智者为伍，提升自己的认知

有句话说得好："读万卷书，不如行万里路；行万里路，不如与成功者同路。"当我们与成功者同路时，可以看到成功者是如何一步步走向成功的，这对我们而言是宝贵的经验和财富。同样的道理，如果我们与智者为伍，以他们为标杆和榜样，就会在不知不觉中使自己的认知得到提升。

懂的道理再多，
都不如改变自己

● 案例重现

　　一个哲学家乘渔船到对岸，他问渔夫："你懂哲学吗？"渔夫摇摇头，回答说："不懂。"哲学家遗憾地说："那你的生命将失去二分之一的价值。"

　　忽然，一个巨浪打来，渔船翻了。渔夫和哲学家都掉进了水里，渔夫一边游泳一边问哲学家："你会游泳吗？"哲学家挣扎着说："不会，你快来救救我！"渔夫面露遗憾地说："那你的生命将失去百分之百的价值。"

有些人懂很多道理，但依旧没能拥有完美的人生，为什么会这样呢？因为他们缺少必要的思考和行动。道理永远是别人给的，只有实践才能得出自己的理解。每个人的大脑发育情况都不同，有的人逻辑思维能力强，有的人记忆力强，有的人数学能力强，而你必须清楚自己哪个方面强。只有深入了解自己，总结出适合自己的道理，才能把道理进行内化、吸收，并转化后输出。其实每个人的内心中，都有一种解决问题、改变自我的创造力。

● 方法点拨

每天做很小的一点改变，要比每天懂很多道理更有用。因为再小的改变也是一种进步，而再多的道理也只是一种空谈。真正的成长不在于自己懂了多少道理，而在于自己改变了多少。

· 改变作息时间，提高做事效率

很多人都知道早睡早起对身体好，但就是做不到。实际上，早睡早起不但对身体好，对提高做事效率也很有帮助。当你比平时早起一个小时的时候，你会发现你的早晨不再手忙脚乱，当你比平时早起两个小时的时候，你会发现很多事情早早地已经处理完了……

另外，芝加哥大学两位研究睡眠规律的学者提出：人在睡眠后的 3 小时、4.5 小时、6 小时、7.5 小时这几个节点醒来，会觉得神清气爽。因此，我们可以有效利用这一规律，调整自己的睡眠时间，让自己的工作效率得到提高。

· 适当冥想，提高专注程度

说到专注力，很多人认为只有孩子才需要。其实成年人也需要，没有专注力，什么事情也做不成，比如：想要看书，但拿起书来看不了几页，就又拿起了手机。当一个人缺乏专注力时，很容易受到外界的影响，而普通人和聪明人最大的能力差异就在于专注力的保持程度。

因此，我们要有意识地培养自己的专注力，其中冥想就是帮助我们提高专注力的有效方法之一。冥想时，我们只需要专注于呼吸，把所有的注意力都放在眼下，多做几次后，即使不冥想也能抑制思维涣散了。

· 保持运动习惯，优化头脑思维

朱熹在《观书有感》中说："问渠那得清如许？为有源头活水来。"这说的是读书，但对身体也一样适用，那些保持运动习惯的人，身体就像一汪清泉，总有源源不断的活水涌现，让整个人焕发出光彩。这是因为，运动能改善大脑的血液循环，促进神经元细胞的生长发育，真正实现"变聪明"。

掌控了情绪，
就等于掌控了人生

人是感情动物，有七情六欲，有欢喜、愤怒、痛苦、恐惧等各种情绪，这些情绪深深地影响着我们的日常生活。能够控制不良情绪的人，才是真正强大的人。

利用相信的力量，
停止精神内耗

● 案例重现

　　陈女士有一个乖巧可爱的女儿，她最大的心愿就是女儿能够健康快乐地长大。一天，陈女士看到了一个校园暴力的视频，想到女儿上学后要独自面对陌生的环境和人群，万一也遇到校园暴力，或是遇到坏人，那该怎么办呢? 想到女儿将来可能会受到伤害，陈女士便焦虑到夜不能寐。

　　说到底，人们产生焦虑的原因，无非就是对未知的恐惧。因为不知道会发生什么，所以才会害怕。因此，打破焦虑的方式就是建立信任，即：相信这个世界是有序的、公平的、确定的，只要我们没有犯错，就不会受到惩罚。这样，我们就会具备更高的安全感，不那么容易感到恐惧。

● 方法点拨

　　那些困住我们、折磨我们的情绪，实际上根源都在我们自身。那么，该如何克服这种对自我的束缚呢？

· 从"绝对确定"转向"不太确定"

　　很多人之所以产生焦虑，是因为过于循规蹈矩，做任何事情都追求稳妥、保险，所以对于那些"不确定"、无法掌控的因素，就会感到焦虑。为了改变这种状态，我们要鼓励自己走出去，充分体验、感受这种"不确定"的感觉，适当地去做一些自己无法掌控的事情，让自己从排斥到慢慢接受、习惯，甚至喜欢。一旦大脑适应了这种"不太确定"的模式，在面临冲击时，就不那么容易引起情绪波动。

· 转移注意力，加强心理暗示

　　具体操作方式是，拿出一张纸，在上面写下你所担心的事情，比如：担心新来的同事会取代自己的位置，那就把这种担忧写在纸上，然后带着这张纸到阳台或户外，举起来，看着它。再试着把目光的焦点转移到远处，让目光聚焦到远处的建筑和风景上。这时候，纸张虽然还在你的眼前，但是你的焦点已经转移到了远处。经过反复练习后，你就可以得到一种积极的心理暗示：我可以掌控它。

· 保持锻炼和运动，增强自信心

神经科学家认为，我们的身体会不断综合肌肉和骨骼的状态，获取全身运动能力的信息，这些信息会构成我们对"自己能做什么"的内在认知。而这种内在认知会在很大程度上影响我们的自信心和自尊心。因此，平时多锻炼身体，整个人的精力都会更加充沛，令我们有更充足的动力去探索和行动，不那么容易感到疲惫。同时，锻炼时产生的内啡肽也可以缓解我们面对压力和挑战时的不适。

走到人群中去，
用热闹驱赶孤独

● 案例重现

　　小柔今年 30 岁了，她没怎么谈过恋爱，为数不多的三段感情，都谈了没几个月就以分手告终了。她也曾遇到过心仪的对象，但因为胆怯最终不了了之。当身边的朋友渐渐都结婚生子后，小柔的孤独感变得越来越强烈。她开始害怕假期，害怕一个人面对空空的房间，也害怕一个人逛街，一个人看电影，这种孤独感让她很压抑，可是她又不知道该如何摆脱。

在人类的进化史中，相互合作对人类的生存以及能否很好地活下去至关重要，因此，人与人之间建立亲密的关系几乎成为一种本能。所以，当一个人被社会群体排斥，或者自己主动排斥社会群体的时候，基因就会做出应激反应，即：内心感到孤独，并且这种孤独令人感到害怕和痛苦，这是人经过长期进化得来的一种基础情绪。

● 方法点拨

如果想要减轻这种孤独感，就要"走出去"，在与人合作、与人相处的过程中，忘记这种孤独感，从而减轻害怕和痛苦。

· **多关注他人的感受和需求**

当我们开始关注他人的感受和需求时，一段有意义的关系就开始了。很多时候，我们都只关注自己的感受和需求，这样很容易陷入不良情绪当中。如果我们能暂时忘掉自己，倾听他人的痛苦和孤独，并与之交流，就会发现自己的孤独感也在渐渐消失。

· **多参加集体活动**

虽然孤独不是用我们身边有多少人来衡量的，但不可否认的是，当我们身边有人陪伴时，孤独感会减轻很多。因此，我们不妨根据自己的个人情况和需求参加一些集体活动。比如：跟同事、朋友一起自驾游，在广场上和同样处在孤独中的人聊天，去玩玩剧本杀……

总之，不要把自己禁锢起来，也不要用年龄束缚自己，更不要限制自己的想法，无论什么时候，只要感到孤独，并且这种孤独让你感到痛苦，那就想尽一切办法让自己摆脱孤独。

· 从另一个角度看孤独

其实，孤独也是一种生活方式。如果你陷入孤独之中，又暂时找不到解脱的方式时，与其焦躁不安，不如静下心来享受孤独。一个人也有一个人的精彩，比如：放着舒缓的音乐，沐浴在阳光下，读一本好书，体会书中的精彩世界；在健身房里听着动感的音乐，挥汗如雨，让身体释放出来的内啡肽为你的情绪注入"快乐激素"；沉浸在学习一项技能当中，做饭、演奏乐器、绘画都可以，人在专注的时候，情绪也会逐渐放松下来。

完全接纳自己，
便可以挤走自卑

♥ 案例重现

　　小叶样貌清秀，性格温婉，工作也很不错，但她总是透露出一种自卑感。在单位被同事欺负了，她也不敢声张，只会默默地承受。男朋友总是否定她，她也从来不反驳。单位举办年会，大家都想借着这个机会崭露头角，只有她悄悄坐在角落里默默鼓掌。她经常挂在嘴边的一句话就是："我肯定不行。"

我虽然是名牌大学毕业，但我没当过学生会主席，业绩也不是最好的，性格也不够开朗……

我在学校当了三年学生会主席，领导能力突出，我适合。

我业绩最好，我是最合适的人选。

领导，我觉得我可以胜任。

咱们部门要选一个组长出来，大家可以毛遂自荐。

心理学认为，自卑心理是由于个体对自身缺乏正确的认知所产生的一种心理。自卑的人总是认为自己不够好，经常下意识地寻找自己不够好的"证据"，如此循环往复，越来越自卑。但是我们要知道，自卑并不可耻，只要能鼓起勇气去改变，自卑也能成为我们人格发展的动力。

◎ 方法点拨

每个人都是独一无二的存在，我们要有做自己的勇气。只有不活在别人眼里，做一名"内控者"，才能真正掌控自己的人生。

· **找出自卑的根源，对症调整**

有的人会因为工作能力不够而自卑，有的人会因为样貌不如人而自卑，有的人会因为家庭出身不好而自卑，更有甚者明明很优秀却自惭形秽……自卑的原因有很多，我们首先要找到自卑的根源，这样才能避免自己一次又一次地陷入自卑的情绪中。

找到自卑的根源后，要学会接纳自己。法国思想家罗曼·罗兰说："当你喜欢你自己的时候，你就不会觉得自卑。"我们不要用别人的优秀惩罚自己、为难自己，当我们不再仰视别人，将目光放在自己身上，去寻找自己的优势、放大自己的优势、认可自己的优势时，自信就会一点一点将自卑挤走。

· **重置习惯系统，远离自卑陷阱**

心理学家研究表明：人一天中的行为只有 5% 是非习惯性的，剩下的 95% 都是习惯性的。也就是说，自卑也是一种习惯。当你总是因为某些事情感到自卑时，就等于在培养自卑的习惯。

因此，如果你也习惯性自卑，那就需要重置自己的习惯系统了。怎么重置呢？就是让你的大脑接受新的指令，即每天给自己积极、正面的暗示，对着镜子里的自己说："我很棒，我很优秀。"以此来激发大脑中的潜意识，并通过潜意识为自己赋能，让自己逐渐摆脱习惯性自卑。

愤怒是本能，
控制愤怒是本事

　　陈女士发现自从结婚生娃以后，自己的脾气越来越大。晚上辅导孩子写作业，一道简单的算术题，孩子就是算不明白，陈女士火冒三丈，拿起课本就摔在了地上，并大声骂道："你上课的时候，到底带没带脑子，这么简单的题都学不会？"孩子被骂得委屈不已。陈女士来到客厅，看到丈夫边看电视边嗑瓜子，更是气不打一处来，指着丈夫的鼻子骂道："天天不是看电视，就是玩手机，又嗑了一地的瓜子皮，这日子没法过了！"

你上课的时候，到底带没带脑子，这么简单的题都学不会？

天天不是看电视，就是玩手机，又嗑了一地的瓜子皮，这日子没法过了！

在生活中，工作压力大，生活琐事多，情绪低落等，都可能导致我们因一些小事发脾气。生气是人类的基本情绪之一，它是一种正常的情绪反应，但如果总是情绪化，因为一些小事就大动肝火，让自己和身边的人都感到不愉快，那就需要我们去调节这种情绪了。

如果你是对的，就没有必要生气。如果你是错的，就没有资格生气。更何况，生气并不能解决任何问题。所以我们应该学会控制自己的情绪，保持平静和理智，这样才能更好地解决问题。

● 方法点拨

生活中，每个人都难免会遇到不顺心的事，但这并不是发脾气的理由。学会控制愤怒情绪，是一个人成熟的标志。控制好自己的愤怒情绪，人生就赢了一大半。

· 延迟 5 秒发作，有利于恢复理智

当你感到愤怒的时候，不要急于发作，先停 5 秒钟问问自己："为什么生气？"单是识别情绪这一环节，就能让我们的情绪迅速缓和下来。因为当有信息通过感官传入大脑时，会分为两条长短不同的路径输送到不同的脑部区域，情绪属于短路线，而理性属于长路线。如果我们能延缓情绪发作的时间，那么就给理性的启动预留了时间。通常经过理性的分析后，很多情绪是不需要发作的。如果 5 秒钟不够用，那就再延长 5 秒钟，直到将愤怒的情绪分析透彻。

· 提前预防，及时调节

如果你是一个情绪容易失控的人，那么在日常生活中，不妨有意识

地记录一下导致你情绪失控的事件，多记录几次，就能发现引爆自己情绪的原因。这样就可以有意识地避开那些让你情绪失控的人或事，或者在情绪即将爆发之际，做好应对措施，比如深呼吸、数数、暂时走开等。

如果没能提前预防，那就要及时进行调节，很多方法都可以帮助你调节情绪，比如运动、听音乐、冥想、写日记、倾诉……选择一种适合自己的方式，让它帮助你更好地调节情绪，保持平静和理智。

· **接纳坏情绪，允许偶尔发作**

当情绪积压到一定程度时，预防和调节或许已经难以控制了。因为被压抑的情绪长时间储存在身体里不被释放，会导致身心失衡。这个时候，越是压抑，越是逃避，情绪就越得不到释放。不如勇敢地接纳它，然后找一个合理的宣泄渠道，让情绪释放出去，整个人就会好很多。

减少抱怨，
专注于自我提升

小王和小李在同一个建筑工地上班，他们每天中午都在一起吃饭，但他们对待午饭的态度却截然不同。小王每天打开饭盒，总是习惯一通抱怨："怎么又是土豆炖粉条？我最讨厌吃粉条了。"或者"怎么一点儿肉都没有？看着就不香！"

小李则不同，每次打开饭盒，他都十分欢喜。同样一道菜，在小李嘴中就变成了："哇，又是土豆炖粉条，真是绝配！"或者"今天是全素宴，绿色又健康，真不错！"

人生不如意事十之八九，偶尔抱怨是宣泄不良情绪的重要方式，能让内心的压抑得到一定程度的释放和缓解。但如果总是抱怨，就会发现生活越变越糟，运气也越来越差。

这是因为，抱怨是一种负能量的心理暗示，会让你在潜意识里觉得自己很糟糕。抱怨的次数多了，这种心理暗示就越来越强烈，自信就越来越少。如果一个人失去自信，那他在面对困难和挑战时，就会变得无助、无措。

● 方法点拨

当生活遇到不顺时，我们会习惯性地抱怨环境，抱怨他人，但抱怨并不能解决任何问题，我们真正需要做的是减少抱怨，提升自身。同样一件事情，当我们的态度变了，我们的心境和处境也会随之改变。

· 坚持 21 天，与抱怨说再见

研究表明，21 天就能形成一种习惯。如果你习惯性抱怨，那么就给自己制订一个"21 天不抱怨"的计划。可以准备一个日历，如果自己一整天都没有抱怨，那么就在这一天上面画个"√"，如果抱怨了，就画个"×"，直到连续 21 天画"√"为止。也可以准备一个手环，每当自己抱怨的时候，就将手环从一只手换到另一只手上。以此类推，直到坚持将手环戴在同一只手上 21 天。在这个过程中你会发现，当你停止了抱怨，生活也在悄悄改变。

· 多与正能量的人同行

浑身充满正能量的人就像太阳一样自带温暖，经常和这样的人相处，

你会在无形中被他们身上的能量感染。同样一件事，他们总是能看到积极向上的那一面，这种精神会在不知不觉中感染你，让你每天都行走在阳光下，让你内心的黑暗被一点点照亮。

· 情绪可以发泄，但别忘了解决问题

遇到让人糟心的事情，不是不可以抱怨，但要学会正确地抱怨。什么是正确的抱怨呢？

就是不仅是宣泄情绪，在清除心中的阴霾后，还能进一步认清现状，直面问题，并且解决问题。也就是说，不能让问题仅仅停留在"抱怨"的阶段，否则当你下次遇到类似的问题时，仍旧只会抱怨。而是应该在抱怨过后，想方设法把问题解决掉，这样当你再遇到类似的问题时，就能轻松应对，不会再抱怨了。

学会开导自己，
走出情绪的低谷

　　大学毕业后，小果独自来到一座陌生的城市打拼。不知道从什么时候开始，她时常感觉自己心里有一个深不见底的黑洞，而自己总是毫无预兆地掉进这个黑洞里，那种低落压得她喘不过气来。十一国庆节，父母从老家来看小果，那几天她觉得自己特别快乐。然而父母一走，她独自面对空荡荡的房间时，整个人立刻又被低落的情绪包围了。

爸爸妈妈走了，感觉心里好失落！

果儿，爸爸妈妈回家了，你自己在外面要注意身体呀，工作别太累了。

🌑 逻辑剖析

很多人认为，人之所以不开心，跟生活不顺利有很大的关系。可有些情绪低落的人，他们的生活明明很好，为什么还会跌入情绪的低谷呢？原因很简单，他们很长时间没有感受到爱了，或者说，虽然他们身边有很多爱，但是这些爱没有抵达他们的内心深处，没有被他们完全接受。当一个人无法感受到爱时，他便无法获得自我认同感，而一个总是自我怀疑的人，其情绪会极不稳定，时常陷入情绪的低谷之中。

🌑 方法点拨

情绪低谷期的确很难熬，但是只要走出去，就能变得更坦然、通透，懂得怎样更好地与世界相处。

· 与其对抗，不如与情绪和解

在社会节奏如此之快的今天，出现低落情绪是在所难免的。当情绪陷入低谷时，与其懊恼、无措，不如大胆地接纳它，先允许自己暂时情绪低落，然后尝试分析情绪低落的原因。是太久没有见朋友了，需要诉说；是最近太累了，没有时间出去走走；还是太久没有回家，想念亲人了……分析出情绪低落的原因后，就能对症下药，进而走出情绪的低谷了。

· 欣赏自己，给自己积极的心理暗示

人陷入低落的情绪中时，很容易被卷入"自我否定"的旋涡中，觉得自己什么都不行，什么都做不好。当你开始否定自己时，要及时"刹车"，换个方向，分析一下自己的优势，学会欣赏自己，以积极的态度冲破情绪的束缚。

· 逃避不了，就转移注意力

当深陷在情绪的低谷中时，转移注意力是非常好的缓解方式，比如运动、烹饪等，只要是自己喜欢的活动，都可以帮助自己转移注意力。因为当我们投入其他事物中时，心灵会得到放松，并感受到快乐和满足，低落的情绪自然也就消散了。

第三章

提升自身能力，
就是提高自身价值

梦想是成功的动力，能力是成功的基石。在追求梦想的道路上，我们需要不断学习和提升各种能力，以增加实现梦想的可能性。

拥有行动力，就拥有了最强的自律性

　　小陈是一名编剧，他剧本写得不错，但就是喜欢拖稿。每次接到新稿件任务，小陈都不会立刻投入到工作中。他觉得时间还长，因此每天不是约朋友喝茶，就是一觉睡到中午才起床。这样"潇洒"上几天之后，他才慢腾腾地开始动笔。动笔后，写不了多少字，就去刷一会儿手机。有时候，刷手机的时间比写稿子的时间还长。直到马上要交稿了，他才开始没日没夜地赶稿子。

还有两天就交稿了，我还有 3 万字没写完呢！

都半夜了，你怎么还不睡觉？

早干吗去了？现在开始着急了。

🔵 逻辑剖析

如果你认为缺少行动力是意志力出了问题，那你就陷入了一个思维误区。事实上，行动力不够，不是因为你懒，而是因为你被恐惧感左右了。那么，为什么恐惧感会降低你的行动力呢？因为人都不喜欢被迫做事，如果你不想做某件事，但又必须去做，比如上班、与客户打交道等，那么，你就会被恐惧感驱使，这种恐惧感会让你迟迟不愿意行动起来。

🔵 方法点拨

很多时候，我们缺的不是改变的决心，而是行动力。想让梦想照进现实，具有行动力才是最有效的途径。

· 学会自己做决定，别管别人怎么做

很多人在遇到问题或做决策的时候，总喜欢参考"别人怎么做"，或者向别人征求意见，以为这样可以使自己做出最正确的决定。但事实上，你问得越多，行动就会越慢，因为过多的意见只会让你丧失做事情的勇气。因此，我们要学会自己做决定，然后从结果中获得反馈，哪怕结果是错误的或不尽如人意的，那也没有关系，这就是成长和积累，下一次就能做出更加正确的决定了。

· 明确目标，激发自我驱动力

明确的目标是行动的根本动力，知道自己想要什么，才能为之付诸行动。如果目标太大的话，要先对目标进行拆解，将大目标分成几个小目标，将一年的计划分配到每一个月、每一个星期、每一天，甚至每一个小时。这样，每一天都有目标要完成，内心自我确定的小齿轮就会转动起来了。

· 降低高期待，更容易立刻行动

我们普遍认为，想要激励自己前进，就要给自己制定一个宏伟的目标。但实际上，预期越高，面临的现实落差就越大，不必要的挫折就越多，放弃的概率也就越大。因此，我们要学会降低期望值，不管最后是否能做到最好，抱着"烂开始"的心态，先做了再说。然后坦然面对过程中遇到的各种不顺和挫折，就算不够完美，也能继续做下去。之后你会发现，不管结果如何，你在这个过程中都收获了成长与进步，而这将激励你继续走下去。

细分时间颗粒度，
做时间的主人

♥ 案例重现

记者采访一位身家过亿的集团老总，问道："我看您每天的日程非常满，但是您的身体十分健硕，请问您是怎么做到工作和生活兼顾的？"

老总回答说："我基本每天早晨 4 点就起床健身，5 点到机场，平均一天要出现在两三个国家或城市，晚上 7 点左右回到公司办公室，加班到 10 点钟，然后回家睡觉。我的时间不是按照小时计算的，而是按照分钟计算的。每 15 分钟是一个基本单位，比如，我给手下人开会就开 15 分钟，我会在这 15 分钟内把我想要传达的信息传达给他们。"

记者听了，佩服得五体投地。

可以，但你迟到了一分钟，你现在只有 14 分钟的时间了。

您好，李总！我们之前约好今天来采访您。

所谓时间颗粒度，就是一个人安排时间的基本单位。每个人对时间的概念是不同的，有的人喜欢以"天"为单位进行时间管理，那么他的时间颗粒度就是一天。有的人的时间颗粒度是每一个小时、每半个小时、每 15 分钟，甚至是每 5 分钟。不同的人运用不同的时间颗粒度会产生不同的效果和结果。越是觉得自己时间宝贵的人，时间颗粒度的划分越细，也越守时。

● 方法点拨

时间对每个人都是公平的，每个人每天都只有 24 小时，这 24 小时要怎么用，怎么规划，完全由自己说了算，规划得越细致，越具体，时间的利用率就越高。

· 培养时间观念，提高时间敏锐度

在现实生活中，拥有时间观念的人非常少，大家并不能准确地预估出 1 分钟有多久，这也是很多人总爱迟到、做事拖延的原因。因此，我们要有意识地培养自己的时间观念，提高自己对时间的敏锐度，这样自己做一件事用了多长时间，或浪费了多少时间，心里就会很明确。具体的做法是，用计时器、时间记录轴来掌控自己的时间，并且坚持下去，渐渐就能做到对时间心中有数了。

· 利用番茄时间管理法，让做事更高效

所谓番茄时间管理法，就是以半个小时为一个时间段，在这个时间段内，专注于做一件事，让时间的使用效率最大化。半个小时结束后，休息 10 分钟，再继续下一个半小时。如果在半个小时内，规定的工作

量或学习任务没有完成，那就说明规划得不够合理，需要及时进行修正。坚持在时间颗粒度上刻意练习，就会形成一种习惯，成为自然而然的行为动作。

· 利用时间二八法则，先做重要的事

人在一生中会做很多事情，但真正决定人生价值的事情只有 20%，其他事情少做或不做，都不会影响太大。因此，对于该做什么事情，我们要有一定的规划。如果像无头苍蝇一样，这样做一点儿，那样做一点儿，最后就会一事无成。正确的做法是，用 80% 的时间去做那 20% 决定我们人生价值的重要事情。

学历会贬值，
但学习力会升值

♥ 案例重现

　　媛媛参加了一个演讲比赛，在第一轮的比赛中，她的成绩垫底，因为她的对手太过强大了，不是阅历丰富，就是文化水平超高，各个都具备炉火纯青的演讲技巧。只有媛媛出身贫寒，上大学之前，连省城都没有去过。为了能在接下来的比赛中获得好名次，她开始没日没夜地研究知名演说家的语言、肢体动作，阅读了 20 多本关于演讲技巧的书籍。如此高效的学习，让她取得了突飞猛进的进步，实现了华丽的逆袭。

⚫ 逻辑剖析

如果说，这个世界上有什么能力是能让你跨越阶层的，那就是学习力。学习赚钱，学习思维，学习谈吐，学习生活，学习处世……学历可以代表一个人的智商，但学习力可以代表一个人解决问题的能力。这个世界需要的就是解决问题的人，因此学习力是一个人最重要的能力，我们需要在学习中成长和发展，在学习中体悟世界与生命的意义。

⚫ 方法点拨

人生有太多的不确定因素，只有坚持学习，才能跟上时代发展的步伐。那些真正聪明的人，都会将学习力当作面对不确定的底气。

· 坚持读书，写读书心得

"书中自有黄金屋，书中自有千钟粟。"坚持读书的人，可以在书中获取源源不断的知识，但如果想让这些知识转变为自己的能力，还需要坚持写读书心得。很多知识只在脑子里想来想去，终究是凌乱的，只有写下来，才能将知识梳理成系统。因此，我们在读书的同时，要坚持写读书心得，让凌乱的知识得到有效的整理。

· 先立规矩，再去学习

现在学习的途径有很多，各种课程也很多。很多人把这当成学习的好机会，什么课程都学，什么培训都参加，最后发现越学越乱，白白浪费了许多时间。知识是有体系的，没有在大脑中形成体系的知识，都是碎片化的。因此，在学习前，我们要先给自己立个规矩，学什么，不学什么，自己心中要有个谱。立了规矩以后，才能在众多课程中鉴别出适合自己的课程。

学而不思则罔，思而不学则殆

孔子说："学而不思则罔，思而不学则殆。"意思是说，一味读书而不思考，就会被书本牵着鼻子走，从而失去主见；而如果一味空想却不去进行实实在在的学习和钻研，结果就会像沙上建塔，一无所得。学习与思考是相辅相成的，只有把学习和思考结合起来，才能学到切实有用的知识。因此，在学习过程中，我们要积极地思考，将所学的知识应用于实际生活和工作中，并在实践中检验和深化所学的知识，通过实践来提高我们的思考能力。此外，还要定期复习和总结所学的知识，提高我们对知识的理解和掌握程度。

能专注一件事，人生就赢了

♥ 案例重现

　　一个年轻人路过一座寺院时，看到一个老和尚站在院子里劈柴，便与之攀谈起来。年轻人问："大师，您得道之前在做什么呢？"老和尚回答说："砍柴、担水、做饭。"年轻人点了点头，又问道："那您现在天天干什么呢？"老和尚说："砍柴、担水、做饭。"年轻人不解地问："既然每天过着同样的生活，那得道和不得道又有什么区别呢？"老和尚解释说："得道前，砍柴时惦记着担水，担水时惦记着做饭；得道后，砍柴即砍柴，担水即担水，做饭即做饭。"

得道前，砍柴时惦记着担水，担水时惦记着做饭；得道后，砍柴即砍柴，担水即担水，做饭即做饭。

既然得道前和得道后都是砍柴、担水、做饭，那得道和不得道又有什么区别呢？

◉ 逻辑剖析

生活中的我们，很多都像未得道时的老和尚一样，工作时想着出去玩儿；心里想学习，结果却拿起了手机……"无法集中注意力"已经成了困扰很多人的烦恼。

首先，人的专注力本来就是有限的，大约只能维持 25 分钟。其次，现在处于信息化时代，我们每天要接触的信息量非常大，这给大脑带来了很大的压力，导致我们专注的时间变得更短。最后，现在的信息大多是碎片化的，大量的刺激性内容令大脑更愿意接受强烈刺激的信息带来的快乐。相比之下，工作、学习等事情的刺激度不够，自然无法吸引人长久地保持专注。

其实，人只要明确了自己的优势，或者找对了方向，那么专注力就会得到大幅度的提升。

◉ 方法点拨

一个人能否成功，并不在于他做了多少事，而在于他能否专注做一件事。能够专注于眼前的人，才能掌控自己的人生。

· 排除外界干扰，做到一心一意

如果外界环境太嘈杂，或者存在一些诱惑，比如电子产品等，那就会对专注力产生负面影响。想要保持专注力，就要排除这些干扰因素，为自己创造一种可以沉浸式学习或工作的环境，比如：让电子设备远离学习或工作环境。

另外，不要频繁更换学习任务或工作任务。当从一项任务 A 切换到 B 时，不论 A 是否完成，我们的大脑都会继续思考之前的 A 项目，这样不但无法提高效率，还会令几个项目之间互相干扰，无法达到深度投入、高效产出的良好状态。因此，建议分配给每项任务大块的时间，并且尽量做到一心一意。

· 劳逸结合，减少生理因素干扰

研究发现，当人的睡眠不足时，对第二天的状态影响很大，容易出现注意力不集中、记忆力下降等现象。因此，我们要保证充足的睡眠时间，同时还要加强体育锻炼。越来越多的证据表明，运动不但有益于身体健康，而且有利于保持大脑健康、头脑清晰，还能加快人体的新陈代谢，缓解心理压力，使人心情愉悦，提高专注力。

· 增加趣味性，提升做事的乐趣

我们之所以能长时间刷手机、打游戏，是因为这个过程让人感到快乐。所以，当我们想专注于一件事时，就要想办法提高它的趣味性。通常而言，当我们做完一件事，或者挑战了一个新难度时，内心就会产生愉悦感。因此，对于难度比较大或者难以让我们专注的事情，我们可以将它们拆分开，一个阶段一个阶段地去完成，这样每完成一个阶段，都能得到相应的成就感，这种成就感会支撑我们继续做下去。

人生如逆旅，
你要迎难而上

　　一个年轻人在国外读博士时，因为一个装有病毒的玻璃瓶子破裂，被病毒侵入了小脑，从此身体留下了残疾。面对这样的灾难，他忍受着病毒的折磨完成了全部学业。回国后，他的病情持续恶化，说话和行动都十分困难。在这样的情况下，他仍旧每天坚持创作，最终完成了100多万字的作品。有人问他，这样是不是很辛苦？他笑着回答："不辛苦，我每天都在斗争，斗争的乐趣是无穷的！"

逻辑剖析

所谓抗挫力，就是在外界压力下处理事务的能力，其本质就是面对外界压力与挫折时的抵抗能力。如果说情商是和他人相处的能力，那么逆商就是和自己相处的能力。一个人的逆商越高，其抗挫能力就越强。有的人抗挫能力强，有的人抗挫能力弱，这跟个人的心理素质有关。对于成年人来说，抗挫力的高低会影响我们的生活和工作，抗挫力越强，我们越容易适应社会，而抗挫力越弱，我们越容易产生巨大的心理压力，甚至走向极端。

方法点拨

一个人对待逆境的态度，决定着他的人生高度。在漫长的人生路上，我们总会遇到各种困难和挫折，只要我们具有面对困难的勇气和战胜挫折的决心，就可以把它们踩在脚下，迎来成功的曙光。

· 尽最大努力，做最坏打算

很多时候，我们无法承受后果，是因为期望值太高，而结果却没有达到期望，就容易产生落差感，甚至因此而崩溃。如果提前做好了心理准备，做好最坏的打算，那当最坏的结果发生时，我们因为有所准备，心理承受能力也会变得强一些。就像做生意，在做之前就做好血本无归的准备，如果真的失败了，也是可以承受的，同时也不会失去再战的精神。

· 在挫折面前，保持积极乐观的心态

从心理学角度来说，你选择看到什么样的世界，你就会经历什么样的世界。因此，面对挫折时，如果我们消极悲观，那事情只会向越来越

差的境地发展。相反，如果我们始终保持积极乐观的心态，对任何事情都抱有希望，就能临危不乱，处变不惊，反败为胜。

· 放下面子，人生无敌

一个人太过在乎自己的脸面，内心就会陷入纠结之中，对有损自己颜面的事情耿耿于怀，这样就会失去很多机会。而那些肯放下面子，为了成功不惜舍弃面子的人，最终往往能成就一番事业。因此，我们应该将眼光放得长远一些，不要每天忙于维护自己的面子，须知，只有舍得放下面子，才能为自己争得面子。

第四章

培养正确思维，
洞悉事物本质

正确的思维方式比努力更重要。思维方式对了，行动才能对；行动对了，成功也就不远了。可以说，思维能力是一把"万能钥匙"，有了它，就能轻松开启知识和技能的大门。

别钻牛角尖，
万事万物都有两面性

❤ 案例重现

　　小王是一名年轻的科学家，他一直致力于发明一种新型的阻燃材料，希望能广泛应用到生活当中，减少火灾的发生。然而，在实验过程中，他前前后后试用了上千种材料，都无法达到他的要求。

　　这时，同实验室的一个前辈向他泼了一盆冷水，说他白白浪费了时间。小王却不这么认为，相反，他认为自己已经获得了很大的成就，因为他证明了那上千种材料都不适合做阻燃材料。

为什么要放弃呢？我已经取得了很大的成就，至少我知道这一千多种材料都不合适。

你已经试了一千多次了，干脆放弃吧。

❤ 逻辑剖析

世间万物都是相辅相成、对立统一的，甚至在某种条件下可以相互转化，这就是辩证思维。其核心是对事物全面、准确、深入的认识，这种认识方式强调看问题要多角度、全面分析。比如失败，从另一种角度而言，失败也是一种成功。危机后面有转机，转机后面是生机。因此，凡事都应该多角度去看待，如此，才能在绝境中找到生机，在变化中发展自己。

❤ 方法点拨

辩证思维可以分析与解决各个领域的问题。因此，我们应该积极学习和运用辩证思维方式，提升自己的思维水平，培养自己更全面的综合思考能力。

· 客观地看待问题，拨开云雾见真相

通常，我们看到的世界都是受情感支配的，并不是世界本来的样子，这很容易让我们产生错误的判断。因此，我们要学会客观地看问题，从别人的视角看问题，从外部的视角看问题，而不是只从自己的角度看问题。最简单的方法就是少说"所有""从不""绝对""肯定""不可能"等绝对性的词语，平时多读书，多学习，不偏激，不极端，逐渐养成理性思考、说话讲逻辑的习惯。

· 全面地考虑问题，三思而后行

事物都是矛盾的统一体，都包含相互矛盾的两个面。听风便是雨，只能看到"冰山一角"，无法看清事物的全貌。因此，面对问题时，不要急于下结论，要知道凡事都有多面性，多方面考虑一下，你会发现每一处的感悟都是不同的。古人说"三思而后行"，旨在告诫我们，凡事考虑得周密一些，能让自己有更多的方案可选，给自己留有更大的余地。

警惕"为什么"陷阱，避免被人洗脑

案例重现

工作间隙，小唐到茶水间泡咖啡。这时，同部门的丽萨走了过来。丽萨是部门里有名的八卦王，公司里什么新鲜事都逃不过她的耳朵。看到小唐也在茶水间，丽萨神神秘秘地走过来，说道："陈总为什么最近总是针对你呀？"

此话一出，小唐的心瞬间一沉，她想：是不是我最近太醉心于工作了，连陈总针对我都没有觉察到。然后她开始回忆自己到底哪里做错了。因为丽萨的一句话，小唐整整一天都在诚惶诚恐中度过……

"为什么"这三个字有一股强大的魔力，会强行把你的注意力吸引到为这个观点找原因上。当你开始找原因时，这个观点就已经悄悄"注射"到你的大脑中了。你开始思考"是啊，为什么呢"，却不会对此观点产生怀疑。"为什么 + 观点"这个句式就像一支注射器，让人陷入思维陷阱中，狡猾的人会用这样的方式给他人洗脑。

◉ 方法点拨

"注射式洗脑"的提问之所以可怕，主要在于回答者很容易沿着提问者给的错误方向使劲儿，结果不自觉地成了虚假事实的辩护者。我们既要防止被他人"注射式洗脑"，又要避免对自己"注射式洗脑"。

· **提高个人的知识文化素养**

运用"为什么 + 谬论"的方式给他人洗脑，就是利用了他人对某个领域的知识不够了解的弱点。例如，对方问："为什么隔夜饭容易致癌？"不了解致癌原理的人就容易被这个观点所误导。因此，想要远离这种思维陷阱，首先要提高个人的知识文化素养，这样就能在第一时间辨别出对方观点的不合理之处。

· **保持好奇心，也要保持探索欲**

好奇心是人的本能，每个人从出生起就对世界充满了好奇心，所以当听到"为什么"时，就容易被对方牵着鼻子走。其实，真正的好奇心不是等待对方给予答案，而是质疑对方的观点，自己去探索答案。比如，别人问你："为什么隔夜饭容易致癌？"你考虑的不应该是"隔夜饭是怎么致癌的"，而应该是"隔夜饭真的致癌吗"。

· 少问"为什么"，多问"怎么办"

"为什么＋观点"这个思维陷阱，有时候不需要他人引诱，自己也会掉进去。有的人往往是先把自己"注射"了，又去"注射"别人，自己还不知道。比如，你开了一家火锅店，但没什么顾客来吃。你不解，问道："我家的火锅味道这么好，为什么大家不来吃呢？"这样一问，就将问题的根源转嫁到了顾客身上，但事实上，有问题的很可能是火锅店，而不是顾客。所以，我们在遇到问题时，要少问"为什么"，多问"怎么办"，这样更有利于我们跳出思维陷阱，客观地看待问题。

反向思考，
帮你突破现有认知

♥ 案例重现

　　查理经营着一家珠宝财产保险公司。众所周知，珠宝是容易被盗的财产，因此很多做珠宝财产保险的人都面临着亏空的状况。但查理是个例外，他的公司不但没有亏空，反而稳定赢利。有人问查理经营秘诀是什么，查理直言不讳地说："跟珠宝大盗聊天。"原来，查理会找那些刚出狱的珠宝大盗聊天，了解他们的偷盗思路，然后据此制订珠宝的承保计划。

听说你曾经得手了一件价值 5000 万的珠宝，你是怎么做到的呢？

他们的安保系统有一个小小的漏洞，被我发现了……

珠宝大盗

⦿ 逻辑剖析

万事万物都有对立面，并各自向相反的方向循环转化。所谓逆向思维，就是指从事物的反面去思考问题。其宗旨是从已有的结论反推出原因或者未知环节。与正向思维相反，它要求思考者能够用更全局性的视角看待问题，深入分析，把复杂的问题系统化，并找到问题的根本原因。

⦿ 方法点拨

如果你想降低人生风险，让自己避免犯低级错误，不妨多试试逆向思维，它能帮助你从他人的错误与失败中吸取经验教训，从而让你少走弯路，更快地走向成功。

· 避免主导性思维

通常情况下，人们在做决策时，会自然地偏向一种习惯的思维模式，久而久之，这种思维模式就会成为一个人的主导思维模式，这会令他在看待问题或解决问题时，无法从问题的另一面进行思考。因此，我们一方面要避免头脑中产生主导性思维，另一方面要对已产生的主导性思维定期进行审查和反思。

· 学会总结，多角度思考问题

要培养自己的逆向思维，首先要学会将自己遇到的问题进行总结和归纳，把重要信息和经验分成不同的部分，然后从最后的结果进行倒推，从不同的角度探索问题，试试看是否还有其他解决问题的方式。同时，还要学会将复杂的问题分解成一个个容易解决的小问题，然后尝试着使用逆向思维去解决这些小问题，并将这些小问题的解决办法组合起来，形成一个完整的解决方案。

给别人需要的，
你才能得到想要的

● 案例重现

陈明是一位金融分析师，经常会接触到不同企业的负责人。由于陈明的专业性，大家见了他，都会忍不住咨询一下业务。而陈明也从不吝啬发挥自己的专业，每一次都知无不言，言无不尽，免费帮助别人分析业务，共同探讨商业上更多的可能性。

久而久之，虽然陈明在咨询方面一直是免费，但是他指导过的企业，都会以各种方式来"感谢"他。就这样，陈明年纪轻轻就实现了财务自由。

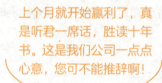

上个月就开始赢利了，真是听君一席话，胜读十年书。这是我们公司一点点心意，您可不能推辞啊！

上次给你们公司介绍的那项业务，最近开始赢利了吧？

所谓利他思维，就是站在对方的角度看待事情、考虑事情。这世上所有的成功，从来不是通过明争暗斗获得的。一个人若是为了自己的利益不择手段，那他得到的怨恨会远比他的收获多。但一个人无条件地帮助他人之后，互惠心理会驱使被帮助者通过各种方式来报答。因此，真正有大格局的人，不光要自己赢，还要帮助身边的人一起赢。

◐ 方法点拨

无论是生活中还是工作中，拥有利他思维，才能让我们的人生获得更长远的发展。让别人过得好，就是让自己过得好；凡事成全别人，其实就是在成全自己。

· 利他的前提是自身足够优秀

利他需要我们为他人提供有效的帮助，如果我们连自己的事情都处理不好，连自己的问题都解决不了，那还有什么能力去帮助别人呢？因此，利他的前提是我们在某个领域有足够的知识沉淀或资源积累，这样我们才能拥有帮助别人的能力，我们所付出的行动才能真正给他人带来有效的帮助。

· 了解他人的需要，提供恰到好处的帮助

要想有效地为他人提供帮助，必须先了解对方的需求和关注点。我们可以通过与对方交流、阅读相关信息或者观察对方的行为，了解对方的需求和关注点。和对方交流时，我们要确保自己全神贯注地倾听对方所说的话，包括他们的有声语言和肢体语言。交流过后，要向对方提供反馈，让对方知道我们理解他们的需求和关注点。这样，我们就可以更

好地满足对方的需求和期望，为他们提供恰到好处的帮助。

· 利他不是被他人利用

很多人会将利他与无偿帮助他人弄混，以为无偿帮助他人就是利他。这种想法是错误的，利他并不是让你无偿地帮助别人，什么事情都往自己身上揽，不是自己的责任也要去承担，这不叫利他，而叫被人利用。真正的利他是双赢的局面，即你帮别人做了一件事，使对方从中获益，之后对方为了表示感谢，也会为你提供有益的帮助。

多想一下，一个问题或许有多个答案

老师拿着一枚曲别针问道："一枚曲别针有多少种用途？"学生们纷纷发表了看法，有的说："可以别照片。"有的说："可以当临时的纽扣。"……答案五花八门。就在大家再也想不出来之后，老师说："我可以说出300种曲别针的用途。"接着，老师在PPT上展示了他想出来的用途。

一名学生看到老师的PPT后，大受启发，既然曲别针可以用来"钩、挂、别、联"，那么根据曲别针的重量、体积、长度、截面、弹性、颜色等要素，曲别针至少有上万种用途，比如可以做成数字、字母，可以计算，可以做成音符，还可以导电……后来，这名学生成了著名的"思维大师"。

发散思维，又称求异思维、扩散思维、辐射思维等，它是一种从不同的方向、不同的途径和不同的角度去思考的展开型思考方法，是从同一来源材料、从一个思维出发点探求多种不同答案的思维过程。发散思维要求人们的思维向多方扩散，通过思维的发散，打破原有的思维格局，提供新的结构、新的点子、新的思路、新的发现、新的创造，提供一切新的东西。

● 方法点拨

练就发散思维，能让我们在观察事物时，不局限于事物本身，而能通过联想与想象，将思路扩展开来，发现别人发现不了的事物与规律。

· 人生的答案不止一种

很多人从小就认为，每个问题都只有一个正确答案。如果有人标新立异，那就是不守规矩，就是异想天开。这种思想大大限制了我们思维的发展。做人需要行为准则，但是思维不需要。如果对思维进行约束和限制，那我们会认为找到一个答案就完成任务了，不愿意或根本想不到去寻找第二种，乃至更多种答案。而事实上，除了算术题只有一个答案外，人生中大多数问题都不止一个答案，只要思维足够发散，就能想出无数种答案。因此，我们不要自我设限，凡事多想一想，多去寻求不同的答案。

· 与不同的人交流，弥补自身的不足

其实，人与人之间的差别并不大，彼此间的交流只有行业和性质的差别。因此，多与不同行业的人交流，可以产生极大的互补作用，使我们的思维向更多的方向发散。

· 思维有多广，舞台就有多大

发散思维的要领，就是学会向四面八方思考。这要求我们的思维首先要有一个出发点，以这个点为基础，可以以某种事物的结构为发散点，朝四面八方想，以此设想出利用该结构的各种可能性；也可以以某种事物的功能为发散点，朝四面八方想，以此设想出利用该功能的各种可能性；还可以以某种事物的形态为发散点，朝四面八方想，以此设想出利用该形态的各种可能性……总之，我们的头脑就像一个旋转喷头，能朝着各个方向进行立体式的发散思维。

透过现象,
才能更接近事物本质

　　秦穆公问相马专家伯乐:"您年纪大了,您的子侄中有人能接替您识别宝马吗?"伯乐回答:"识别一般的好马并不难,从体型、筋肉、骨架几方面就能辨别出来。难的是识别举世无双的千里马,必须从内在气质上分辨,而这种气质是若隐若现、若有若无的,普通人根本看不出来。我的子侄都是资质平庸之辈,只能识别一般的好马。我有个朋友名叫九方皋,他的相马本领在我之上。"

　　于是,秦穆公把九方皋召来,让他去寻访千里马。三个月后,九方皋回报说:"千里马已经找到了。"秦穆公问:"是什么样的马?"九方皋回答:"是一匹黄色的母马。"秦穆公命人把马牵来,却发现是一匹黑色的公马。他埋怨伯乐说:"九方皋连雌雄黑黄都分不清,又怎能识别真正的好马呢?"

　　伯乐听罢,连连赞叹道:"这正是九方皋胜过我的地方。他看的是马的天赋和内在素质,而忽略了马的外表。"秦穆公经过试骑,发现这果然是一匹天下少有的千里马。

● 逻辑剖析

　　我们平时看事情时,看到的往往是事情的表面。就像看一只表,我们只能看到表面上的时针、分钟、秒针，却看不到表盘里面的机械原理。而事物的表面往往具有诱惑性，会迷惑人，使人产生错觉。

就好像有人外表美丽，内心却污浊不堪；有人肢体残缺，内心却美好纯洁。因此，看人看物不能只看表面，要学会透过现象看本质。本质就像一只看不见的"手"，这只"手"亘古不变，却决定着事情的发展方向。它藏在表象的背后，找到这只"手"，我们就能看到事情发展的一般规律，然后通过一般规律，参透万事万物的发展。

♥ 方法点拨

透过现象看本质的思维能力，并不是上帝给予某个人的礼物，而是每个人只要通过科学的方法，不断练习，就能不断精进的一种能力。

· 见多方能识广，才能发现规律

大多数人都是因为看见才相信，只有少数人是相信才看见。因为只有少数人能从某件事情预判到事物的走向，从而做出一系列努力去达到自己期望的目标。他们之所以能快速看清事物的本质和规律，跟他们的成长环境、知识体系、人生阅历有很大的关系。什么事物都是见得多了，才能一眼看出事物背后对应的规律。很多人看不透事物的本质，大多是因为见得少，知识阅历积累不够，所以看不全面。因此，想要成为能够看透事物本质的人，就要多看、多思考，提升自己的知识水平，增长自己的人生阅历，让自己的思想更具有深度。

· 养成拆解事务的习惯

规律其实就是一个或复杂或简单的系统，任何一个系统都可以拆解为多个要素以及要素间的连接。这个过程就像组装电脑，看起来结构复

杂的电脑，其实不过是显示器、机箱、CPU、内存条、硬盘、显卡、风扇、鼠标、键盘这几样，把这几样东西放到对应的位置，然后连接起来就可以了。这要求我们在遇到一件事情时，要学会从结果往前倒推，一步一步地推演出事情发展的整个经过。次数多了，自然就能了解事情背后的逻辑关系了。

· 突破自我，提升自我

一个人的思维方式决定了他的思考途径。正如我们站在山顶、山腰和山脚这些不同位置，所看到的是完全不同的景色。之所以站在巨人的肩膀上更容易成功，是因为看到了更远的地方。所以，我们要不断提升自己的思维认知，打破思维的界限，让自己变得更加优秀。

第五章

强者努力，
王者借力

想要获得成功，除了要有拼搏的底气，还要有借力的勇气。所谓借力，就是借天地之力，借他人之力，也借自己之力。在合适的时机，选择合适的人，做合适的事，是实现目标最明智的选择。

和优秀的人交往，
成为更优秀的人

　　刚考上大学的时候，晓晴的成绩很一般，也没有什么特长，但是她的舍友都十分优秀，让她忍不住想要学习。于是，当舍友去图书馆看书时，她也拿上书跟着；当舍友参加运动会时，她也跟着踊跃报名；当舍友参加社会活动时，她也积极参与其中……渐渐地，她发现自己一直在进步。原本打算毕业就找工作的她，在舍友的带动下选择了考研，整个宿舍的人，经常一起学习到深夜，最终六个人都考上了研究生。

晓晴，我们去图书馆，你去不去？

去，等等我。

🔵 逻辑剖析

古语有云："近朱者赤，近墨者黑。"在现实生活中，你和谁在一起的确很重要，这甚至能改变你的成长轨迹，决定你的人生成败。因为和什么样的人在一起，就会有什么样的人生。所以，想要成为更优秀的人，就要选择跟优秀的人在一起，学习他们身上的优秀品质，弥补自己的不足之处。

🔵 方法点拨

俗话说："读万卷书，不如行万里路；行万里路，不如与成功者同路。"一个人的成长是缓慢的，唯有与更优秀的人同行，才会发现自我的渺小，生出谦卑之心，努力学习他人的智慧、借鉴他人的经验，完成自我的成长。

· 多接触上进的人，你也会变得上进

大雁南飞时，从来都是成群结队，因为依靠雁群的力量，可以减轻年幼和年长的大雁长途飞行的压力。同样的道理，一个人可以走得很快，但一群人才能走得很远。当你身边都是追求上进的人时，你就会觉得懒惰的自己与他们格格不入，会觉得自己成了拖后腿的那个人，这种羞耻心会激励你跟上他人的脚步。因此，想让自己变得优秀，就要多接触上进心强的人。

· 多接触乐观的人，你的生活会更美好

积极乐观的人就像太阳，走到哪里，就会将光明和温暖带到哪里；相反，消极悲观的人就像没有星星的夜空，会让人感到无尽的黑暗。因此，想要获得更加幸福快乐的人生，就要多接触积极乐观的人。不要妄

想成为谁的救世主，结局往往是救世主没当成，反而被他人的坏情绪所影响，让自己的生活变得一团糟。

· 多接触欣赏你的人，从赞美中获取力量

欣赏和赞美就像一道光，可以照亮自卑的心灵；相反，否定和打击会渐渐摧毁自信的心灵。因此，想要获得源源不断的力量，让自己变得越来越好，就要多接触那些欣赏和赞美你的人。经常听到别人的肯定和赞美，能让你心情愉悦，自信心爆棚，这将成为你变得更优秀的源源不断的力量。

世事无常，
智者会顺势而为

　　有一位著名的根雕大师，他的根雕作品惟妙惟肖，令人赞叹不已。有人好奇，为什么大师能够做到雕什么就像什么呢？

　　大师听了，摇头说道："并不是我雕什么像什么，而是树根像什么我便雕成什么。原材料像虎，我便雕成虎，原材料像兔子，我便雕成兔子，我只是做了一些顺势而为的事情罢了。如果不顾原材料的原型和原貌，率性而为，想怎么雕就怎么雕，想雕什么就雕什么，那什么也雕不成，什么也雕不像。"

这大师太厉害了，雕什么像什么，这虎仿佛要活过来一般！

并不是我雕什么像什么，而是树根像什么我便雕成什么。

天下大势，浩浩汤汤，顺之者昌，逆之者亡。我们每个人都是时代的产物，面对时代的浪潮，最高明的选择就是顺势而为。只有顺应发展趋势，才能快捷地达到目标。顺势并不是简单地盲目跟风，而是在审视当下、审视全局、分析利弊之后，以一种积极的心态，采取相应的方式为自己造势，从而使自己更快地走向成功。因此，能抓住风口借势腾飞的人，都是具有超前眼光和足够实力的人。

● 方法点拨

顺势而为是一个先接纳，再面对，然后不断调整、有所作为的过程。学会顺势而为，我们就能摸索出一条最优、最佳、最合适的路径，实现自己的梦想。

· **顺势而为，是要顺应天地之势**

就像春天播种、秋天收获一样，农民要掌握 24 个节气的气候规律，才能种出好庄稼。顺天地而为，才能有所收获。我们做事情要像农民种庄稼一样，学会找规律，看清大势所趋，读懂大局，才更容易做成事。举例来说，市场倾向使用新能源，那做新能源的生意大多会成功；相反，不被允许或不提倡的事情，你偏偏要去做，那大多会以失败告终。

· **别着急，别害怕，"厚脸皮"**

对于自己所处的境地，不要着急，给"风"一些时间，让"风"慢慢吹起来，让社会发展的整个势头带着你慢慢前进。俗话说："心急吃不了热豆腐。"如果没有耐心等下去，就无法真正站在"风口"上。当"风"起来时，你站在了"风口"上，那就勇敢地展翅高飞，不要畏首畏尾，对于事情的结果坦然接受，不管是否能成功，都要做到问心无愧。如果你真的乘风而起，一定会有挑你毛病的人出现，这时候你要选择"厚着脸皮"继续前进，不要因为别人的三言两语就改变自己的初衷或方向。

· 逆境中看清脚下，继续前行

人生有顺境也有逆境，在顺境中我们可以顺势而为，那么在逆境中呢？答案是一样可以顺势而为。逆境中也有"势"，这个"势"就是磨砺，是经验，是成长，坚持下去就是涅槃重生的飞跃。因此，在逆境中，最重要的就是保持良好的心态，看清脚下的路，不停留，不抱怨，朝着好的方向继续前行。

选对时机，往往能事半功倍

● 案例重现

小李看到了自己多年不见的老同学黄某，发现仅仅几年的时间，对方就从一个落魄的穷小子，摇身一变成了开着豪车、穿着名牌的有钱人。细问之下才知道，黄某在短视频刚刚兴起的时候，发现人们一有休闲的时间，就用来刷短视频，他认为这将是一种趋势，于是建立了自己的账号。

一开始没什么起色，粉丝也就几十人。后来黄某发现现在的年轻人热衷于养宠物，而他家中正好养着一只很机灵的小猫咪，于是他每天拍自家的小猫咪，很快粉丝量就越来越大，最终成了拥有百万粉丝的网红博主。

老同学，士别三日，当刮目相看呀！

过奖过奖，我只是抓住了机会而已。

● 逻辑剖析

中国有句古话："机不可失，时不再来。"有时候，选择比努力更重要。可以说，人一生的成就主要由"机会出现的概率 × 抓住机会的概率"来决定。因此，珍惜机会，就等于掌握命运的脉搏；把握机会，就等于扼住未来的咽喉。机会无处不在，就看我们是否有发现机会的眼睛和正确的选择。

● 方法点拨

机会对于理想的实现和未来的成功具有非常重要的意义。机会无处不在，我们应该积极做好准备，让自己处于"一级战备"状态，"藏器于身，待时而动"。

· 大胆地表现自己，酒香也怕巷子深

过去人们总说："酒香不怕巷子深。"而在这个人才辈出的当下，酒香也怕巷子深。无论你的才能如何出众，如果不能恰当地表现出来，那你就很难得到伯乐的青睐。因此，你要学会主动、大胆地表现自己，这样你才能在人才济济的社会中脱颖而出，你的才华才能被更多人看到，从而获得更多的机会。

· 不要等待机会，要主动寻找机会

经常有人发出这样的感慨："如果给我一个机会，我也能成功。"一些人总认为机会就像天上的馅饼会砸到他们头上，殊不知，对于一个从来不仰头看天的人来说，即便天上掉馅饼，也不会砸到他的头上。机会是主动寻找得来的，不是被动等来的。没有人会主动把机会送给你，机会也不会主动来到你的身边，只有你自己去主动争取，才能得到机会的

垂青。

· 提高自身的能力，增加抓住机会的可能性

　　找到机会并不代表就能成功，还要有抓住机会的能力。想在机会来临时牢牢将机会抓在自己手中，需要提升自己对环境、机会的认知和理解能力，同时还要通过专业培训、技能提升和经验积累来提高自己的专业能力、管理能力和沟通能力。如此才能更敏锐地发现机会，做出正确的判断和决策。

先人一步思考，
先人一步行动

从前有一个商人，他来到一个遥远的国度，发现这个国家没有大蒜，于是将自己随身携带的两袋大蒜拿出来分享。当地的人们没想到这世上还有这么美味的食物，便热情地款待了他。临别前，还送给他两袋黄金。

另一个商人听说了，便带着两袋大葱来到了这个国家，当地人也没有见过大葱，并且没有想到大葱的味道比大蒜的味道还好，于是也热情地招待了这位商人。当地人认为金子已经不能表达他们的感激之情了，便在临别时送了这位商人两袋大蒜。

♥ **逻辑剖析**

　　古语有云：夫战事，先下手者为强，便可出其不意、攻其不备，立于不殆之地。于战争而言，抢占先机是制胜的手段。在现代社会，很多事也是同样的道理，尤其是竞争和创业，抢占先机，便能迅速提升自我，超越他人。借助了先机，我们就能抢先一步获得有利资源，实现一步快，步步快。相反，如果我们错过了先机，那便会落后于人，一步慢，步步慢。

♥ **方法点拨**

　　世界处于不断的发展与变化当中，对于个人来说，学会抢占先机是走向自我超越的重要阶梯。

　　· **抢占先机，需要拥有智慧**

　　先机和普通机会的区别就在于一个"先"字，"先"表明你必须提前预知机会，这就要求你有较高的推理能力，能在他人未想到之时提前预知。而"抢"则表明时间之紧迫，没有太多的时间斟酌，因此需要提前选好目标，并按照重要性排列好先后顺序。假如你没能抢占到第一位，那便要抓紧时间抢占第二位，避免错失了先机，永远跟不上事态发展的脚步。

· 不要犹豫，立刻行动

俗话说："机不可失，时不再来。"看到机会时不要犹豫，要立即行动。一旦犹豫，就会错过最好的时机，与预期相差千里。努力过后却是竹篮打水一场空，这才是最令人遗憾的。抢占中"占"才是最重要的，需要有实力、有能力才能占住，才能守住。就像打仗一样，占据有利的地形以后，还要有本事守得住，否则有利地形转眼就会成为别人的。

借他人的力，
成自己的事

　　西西里想在一条繁华的街道上建一家酒店，但是他只有 10 万美元，这点钱连买地皮都不够。于是他找到了土地所有者高加索，提出租借高加索的土地，为期 100 年，每年支付 3 万美元的租金。如果他付不了租金，那高加索可以收回土地，并且土地上所建的酒店也归高加索所有。原本打算出售土地的高加索，认为这个办法非常不错，原本只能卖 30 万美元的土地，现在变成了 300 万美元，还有可能附加一家酒店，于是便痛快地答应了。

　　后来，西西里又说服高加索将土地抵押给银行，获得了 30 万美元，并将钱借给自己。就这样，西西里拥有了 37 万美元的启动资金，如愿以偿地建起了一家酒店。

这个办法非常不错！

如果您售卖土地，只能挣 30 万美元，但如果您以每年 3 万美元的租金租给我，那您不但可以赚到 300 万美元，而且土地还是您的。

◆ 逻辑剖析

荀子说："君子生非异也，善假于物也。"意思是说，君子的本性跟一般人没什么不同，只是善于借助外物罢了。但凡有大作为的人，其成功往往不是靠一己之力达成的，而是借助其他人的力量，或者与其他人合作完成的。因为一个人的力量终究是有限的，在这个错综复杂的世界里只有懂得借力的智慧，才能更好地应对各种层出不穷的问题。

◆ 方法点拨

纵使天才也会有短板，想要成就一番事业，达成自己的梦想，除了利用自己的才智，还要学会借助他人的能力和才干，使取得成功的机会最大化。

· 先知己，后知彼

生活里那些优秀的人，往往都是对自己了解十分透彻的人。他们会深入发掘自己的优势，不断强化自己的优势。同时，他们也非常清楚自己的不足之处，并会想方设法取别人之长，补自己之短。就像刘备一样，深知自己的短板就是没有得力的智囊团，所以才三顾茅庐请诸葛亮出山，借助诸葛亮的智谋来完成自己的梦想。因此，借助他人的力量之前，首先要了解自己，努力提升自己，同时要清楚自己将要借力的人有什么能力，这样才能"强强联合"，发挥最大的优势。

· 从他人身上，借助一切可以借助的力量

一个人身上都有哪些力量是我们可以借助的呢？首先，他人的思考成果是我们可以借鉴的，那些富有哲理的话语或发人深思的经历，都能给我们带来启发，前提是我们不要只停留在听的阶段，要认真思考和实践。

其次，他人的时间和精力也是我们可以"借"来用的。简单地说，就是遇到难解决的问题时，可以求助他人，让他人帮助自己完成。当然，事后我们要找机会进行感谢。

最后，他人的人脉资源也是我们可以借助的。同一件事，能力相等的两个人，这个人办不成，那个人就能办成，原因就在于他们拥有不同的人脉资源。所以，我们平时要努力维系自己的人际关系，尤其要维系好那些人际关系网发达的人。

· 远离那些消耗你能量的人

生活中，并不是人人都可以成为让你借力的人，相反，有的人不但不能给你带来能量，反而会消耗你的能量。面对这样的人，你一定要懂得及时拒绝和抽身离去。如果对方是你拒绝不了也远离不了的人，那你就要学会自我消化负能量，同时还要努力给对方带来正能量，成为那个内心力量强大的人。

第六章

逻辑通了，
沟通就顺畅了

沟通是人类交际活动的基础，是现代人生存的重要手段，也是现代社会中一种宝贵的软实力。有效的沟通可以赢得和谐的人际关系，而和谐的人际关系又能使沟通更加顺畅。

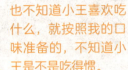

也不知道小王喜欢吃什么，就按照我的口味准备的，不知道小王是不是吃得惯。

吃菜，吃菜，别客气。

我不爱吃这些菜，该怎么拒绝小张呢？

怎么都是我不爱吃的，小王是故意的吗？

不知道你喜欢吃什么，就随便做了点，你别客气。

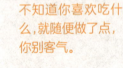

小张一定对我有意见。他请我吃饭，做的都是我不爱吃的；我请他吃饭，他又不吃。

小王一定对我有意见。我请他吃饭，他不吃；他请我吃饭，做的都是我不爱吃的。

拒绝内耗，
学会说"不"

● 案例重现

小欧带着女儿到杭州出差，临行前母女俩约好会议结束就一起去夜游西湖，到戏楼听戏，然后再到夜市上吃小吃。女儿对此十分期待，三个多小时的会议，她一直坐在会议厅外乖乖地等待。然而会议结束后，小欧遇到了曾经的合作伙伴兼大客户，对方见到小欧十分开心，热情地邀请小欧一起去吃饭。

小欧陷入了两难的境地：如果拒绝了对方，怕对方觉得自己"不识抬举"；但如果答应了对方，又不忍心看到女儿失望的眼神……

◎ 逻辑剖析

我们之所以不敢拒绝他人，根源在于对社交的顾虑。几千年前，人们过着以狩猎为主的群居生活，依赖于与别人的联结，这意味着不服从群体规范，就要被群体排挤。虽然现代社会已经进步了很多，但几千年来形成的思想依旧深深地根植于我们的脑海中。拒绝他人会让我们感到内疚，同时也害怕破坏人际关系，得罪他人。但如果不拒绝，我们又会陷入另一种内耗当中。要想突破这个困局，唯一的出路就是学会说"不"。

◎ 方法点拨

当你勇敢地说出"不"时，你会发现心中对"打击别人"和"惹怒别人"的担心其实是被自己夸大了，人们不但不会因此而记恨你，反而会更加尊重你。

· 把事情和关系分开谈

很多时候，我们会将事情和关系混为一谈，别人让我们去做什么事情时，我们会将"对方的要求"和"自己与对方的关系"结合在一起看待。这样就会让我们产生一种错觉：拒绝了对方的要求，就等于得罪了对方这个人。实际上，事情是事情，关系是关系，只有将事情和关系分开来看，才能有勇气拒绝。

· 拒绝他人，不一定要说"不"

选择拒绝是我们针对某事的态度，但并不意味着我们要用简单粗暴的"不"来表示。拒绝其实可以表达得更委婉一些，比如："感谢您信任我，但这件事我恐怕帮不上忙。""如果可以的话，我非常愿意帮忙，但这件事我确实有些力不从心。"这种礼貌的拒绝要比直接说"不"强得多。

· 明确拒绝的态度，切勿模棱两可

与"被人拒绝"相比，"被人欺骗"往往更令人无法接受。很多人因为不好意思拒绝，便会选择"拖延战术"，比如，对对方说："我努力去解决。"这样的回应会给对方造成"可能会成功"的错觉，从而产生期待。当最后等来的是失望时，怨恨也会随之产生，因为这种"拖延"不但没能满足对方的需求，还耽误了对方的时间。因此，如果没有能力做到，或者感到为难，那么一定要态度明确地拒绝，不要给对方模棱两可的回答。

将内容结构化，表达会更精准

小刘第一次向老板汇报工作，他十分紧张，连夜准备了 30 多页的 PPT。然而，汇报工作时只讲到了第 5 页，老板就已经有些不耐烦了。看着老板的表情，小刘内心更加紧张了，硬着头皮继续讲到了第 7 页，老板打断了他，说道："不要讲 PPT 了，直接说重点。"小刘感到十分委屈，他觉得自己讲的都是重点。

098

别人不明白我们表达的内容，通常是因为我们表达的信息没有得到有效组织，从而让人觉得逻辑不够清晰。沟通的底层逻辑之一，就是让人听懂。人的大脑倾向于处理和记忆量少但有规律的信息，有规律即是有序、结构化等。外界输入的信息经过有规律的处理与整合之后，才会被更好地吸收和记忆。因此，我们在与人沟通时，要学会结构化的表达，即重组文字的顺序，让表达听起来更加清晰，更有逻辑，从而让人更容易理解。

● 方法点拨

用简洁、清晰、有信服力的表达来传递自己的想法和观点，能让我们更容易获得对方的认可。那么，如何正确运用结构化的表达呢？

· **结论先行，建议紧随其后**

大部分人说话的习惯是先说理由，再说结论，可是大多数人都没有听长篇大论的耐心，所以我们最好能在最短的时间内将观点表达出来。而结论先行就是比较高效的表达方式，即先说结论，再说理由，最后再次强调结论。为了更好地运用这种表述方式，在沟通开始的时候，要先用"是……"引出结论，在说完结论后立刻接上"会这么说是因为……"，说完理由之后，后面还要加一句"因此……"，再次将结论强调一遍。

· **搭建表达结构，令逻辑更清晰**

麦肯锡咨询顾问芭芭拉·明托在《金字塔原理》中提出了 SCQA 结构化表达模型：

S 是 Situation，表示背景。即在表达时先描述一个相关的情境或背景，让对方对接下来要讨论的内容有大致的了解，同时引起对方对话题的兴趣。

C 是 Complication，表示冲突。即揭示出背景信息里面的潜在矛盾，使情境变得更加吸引人。

Q 是 Question，表示疑问。即在引入冲突后，再提出一个明确的问题，这个问题通常是需要解决的核心问题。

A 是 Answer，表示答案。给出问题的目的是引出答案，并说出自己的解决方案，也就是最想传达给对方的信息。

这个表达结构可以根据自身的需求调整先后顺序。比如：要强调结果，就先说答案；要突出矛盾，就先说冲突；要突出信息，就先说问题。

· **检查逻辑，大胆表达**

搭建表达结构的过程是在头脑中思考的过程。结构搭建起来后，先不要着急去表达，还要检查一番。一要检查表达的各项内容是否独立，相互之间有没有重复的叙述，同时要检查是否表达完整，有没有遗漏的点；二要检查是否以上统下，即上面的观点能否概括下面的内容，下面的内容能否支撑上面的观点。这样才是搭建表达结构的完整流程。

做好倾听者，
沟通更省力

　　小王和妻子吵架了。事情是这样，下班回家后，劳累了一天的小王只想放松放松，便把衣服随手一放，坐到电脑前打起游戏来。正打得激烈呢，妻子拿着他的外套进来了，劈头盖脸就是一顿数落："你的衣服从来不知道挂在衣架上。"

　　小王专注于游戏，没有搭理妻子，妻子十分气恼，一把拔掉了电脑的电源线。小王也急了，冲妻子吼道："你一天到晚就知道抱怨！你帮忙挂一下不行吗？"妻子听了，委屈极了，她不介意帮丈夫挂一下衣服，她只想让丈夫理解她的不容易。

我什么也听不见～

你的衣服总是乱扔，从来不知道挂在衣架上！

● 逻辑剖析

沟通是信息交流的过程，高效沟通的关键是知彼解己，首先去寻求了解对方，然后再争取让对方了解自己。而要了解对方，首先就要学会倾听，而且是从对方的立场去倾听。倾听不是被动地接收信息，它包括听见和理解，需要集中注意力，积极参与和互动，以此来提高信息传递的效率。

● 方法点拨

在沟通过程中，专心倾听是表达尊重的一种表现。但倾听并不是一件容易的事，需要花时间刻意训练。

· 带着客观倾听，不要先入为主

倾听他人不要受自己主观情绪的干扰，也不要先入为主地带入自己的观念和想法。真正的倾听，是把包括自我感受在内的一切搁在一边。即使你不同意对方的观点，或者不太认可对方现在的情绪状态，也要尊重对方，做到不对比、不批判。对方的想法一定有他的道理，对方的情绪状态也一定有他的原因，我们要学会接纳对方此时此刻的状态。

· 带着同理心倾听，与对方共情

真正的倾听需要运用一定的技巧，让对方感受到自己被共情了。实际上，倾听的本质并不是让我们赞同对方，而是在感情和理智上充分、深入地理解对方。比如，对方说："我对明天的演讲有点儿担心。"而你却回答："别担心，我相信你可以的。"这样的沟通表面上看来是听了对方的话，但没有与对方产生共情，产生共情的回答应该是："你在担心什么呢？"这样的回应说明你用心去感受对方的话了，并且注意到了对方焦虑的情绪，尝试着开解对方。这样倾听才是更充分、更彻底的，不仅有信息的交换，还有情绪的共振。

· **用全身心去倾听，不只是用耳朵**

倾听首先要用耳朵去听对方言语表达的内容，留意对方说话的语气、语调和语速。其次，要用眼睛来"听"，观察对方的表情、动作，以及说话时言语内容和动作是否有不一致的地方。用目光和对方接触，让对方感受到我们的关切。再次，要用心灵去"听"，感受对方话语中的言外之意，听明白他们话语背后隐藏的真正含义。最后，还要用身体去"听"，以微微向前倾的坐姿，告诉对方"我接纳你的观点和感受"，还可以辅以一些点头、手势等动作，进一步鼓励对方表达自己。

说服，
既要口服也要心服

　　刘峰一家三口在某小区租了一套房子。刚住了没两天，刘峰就发现邻居家养了一条哈士奇。邻居非但不给狗拴狗绳，还放任它在小区里到处乱跑。刘峰 5 岁的女儿因被狗咬伤过，所以每次遇到没被主人牵着的狗都会非常害怕。刘峰觉得这件事必须解决，便敲开了邻居家的门。他向邻居说明了来意，并以一种责备的口吻要求对方把狗拴起来，或戴嘴套。听完刘峰的诉求后，邻居非但没有表现出不好意思，反而说自己的狗很听话，从来没有在小区里咬过人，说完就把门关上了。

逻辑剖析

说服，是要求对方与自己在想法上达成一致，且感情畅通无阻的过程。然而，这仅仅是说服的理想状态。大部分情况下，对方都是"口服心不服"，即表面上赞同我们，但心里依然持有反对意见，这样的说服实际上是无效的。在说服的过程中，我们不仅要让对方接受我们的要求，还要让对方心悦诚服，这样对方才愿意按照我们的要求去做，从而达到说服的目的。

方法点拨

说服不是我说你服的单轨行为，说服必须使人"心服"，能够激起对方的自发意志，使其内心涌起干劲儿。

· 运用 F&O 说服模型，以理服人

F&O 说服模型其实就是事实（Fact）+ 观点(Opinion)。先通过讲故事的方式陈述客观存在的事实，并在这个过程中辅以列数字、做对比、借权威等增加可信度的小技巧，让自己的观点看起来有理有据，从而得到对方的认可，达到说服对方的目的。

· 将心比心，利用对方的同理心

说服的最终目的是双方达成共识，让对方主动调整自己的态度和行为方式。达到这一目的的有效方法之一就是将心比心，启发对方进行心理换位，让对方设身处地体验你的心理。具体来说，可以采用语言假设，将未来可能发生的情况假设出来，让对方设身处地地想一想，从而达到让对方理解你的目的。还可以用实际行动现身说法，让对方感受真实的场景，从而达到让对方体验你心理过程的目的。

· 运用诱饵，先诱导再说服

很多人都经历过这样的情况：想拜托别人一件事，但无论怎么说，对方都是一副敷衍的态度。这个时候，就要将这件事先放一放，将精力放在消除对方的心理隔阂上，然后再进行诱导和说服。我们行动的目的都是"为自己"，而非"为别人"，对方没有理由无私地帮助我们。因此，我们要了解对方真正追求的东西，满足他们的欲望，这就相当于"曲线救国"。想让对方满足我们，我们要先满足对方，让对方在追求利益的过程中，不得不满足我们。

观察、感受和请求，
帮你走出沟通困境

♥ 案例重现

　　魏大姐的孩子小华今年 15 岁了，面对越来越繁重的学业，小华似乎不怎么上心。每天晚上睡觉前，他不是挑灯夜读，而是抱着手机玩游戏。节假日休息的时候，他不是去图书馆读书，而是约上三五好友一起去打球。

　　看到孩子这个状态，魏大姐着急不已，每次都忍不住对孩子说："你能不能让我省点儿心？你看看李阿姨家的小豪，学习从来不用他妈妈操心，你再看看你……"往往魏大姐的话还没有说完，小华就起身离开了，要么摔门出去，要么把自己关进房间里，禁止魏大姐入内。

在日常沟通中，尤其是亲子沟通或夫妻沟通中，经常会出现这样的场景：我们说了，对方却不听，甚至还反驳，双方都不愿后退一步，令彼此之间的沟通陷入困境之中。

要想走出这个困境，就要学会长颈鹿式的沟通。长颈鹿是非常温和的动物，它们站得高，看得远，具有心宽、不计较、反应慢的特点，这些特点运用在人类沟通中，就是要学会观察、表达感受和说出请求。

沟通遇到困境，就像行动遇到挫折，或是让人想要放弃，或是让人情绪崩溃。但是人与人交往，沟通是无法逃避的环节，因此我们必须设法走出困境，让沟通进入"简单模式"。

· 只讲事实，不加入评判

我们在沟通过程中，习惯性地从主观角度去表达，这就意味着，我们所陈述的事实中，往往带有极为强烈的感情色彩。如果这种感情色彩是带有批判性质的，就会令沟通陷入僵局中。其实，当我们跳出主观的圈子，站在高处去审视整件事情时，我们的主观感受不一定就是对的。所以，长颈鹿式沟通的第一点，就是要做到客观地陈述事实，不要批判，也不要贴标签，就单纯地把我们看到和听到的事实描述出来即可。

· 说出真实感受，挖掘真实需要

沟通中出现矛盾、分歧是很正常的事情，毕竟每个人的理解不同，感受自然也不同。虽然感同身受有些难，但是沟通双方达成理解和包容是可行的。当我们客观地叙述完事实后，第二步就是要直接、清楚地讲出自己的真实感受，比如："这让我心里很难受。""听到这个消息，我很开心。"

· **提出具体可执行的请求**

当我们客观地去看待一件事，并且不带任何批判的态度去沟通时，就会发现，那些让我们感觉不怎么友好的语言和行为之下，往往隐藏着对方最深层次的需要，如归属感、快乐、理解、信任、尊重、爱……当挖掘到对方的需求之后，我们就可以提出一个可执行的、有操作性的，而且不具有特别大攻击性的请求，如："你可以先看会儿书吗？""你可以早点回家，多陪我一会儿吗？"

第七章

弄清利益关系，
让社交瞬间开挂

　　社交的底层逻辑其实只有四个字：价值交换。人与人之间的联结，本质上就是利益的往来，向上链接，向下扎根，同向相交。把自己摆在正确的位置是良好社交的开始，为他人提供价值是保证社交永恒的定律。

谁的损失大，
就是谁的错

　　小夏要约见一个大客户，如果合作谈成了，就可以为公司带来近亿元的收入。不料在路上遇到了堵车，为了不迟到，小夏连忙下车赶乘地铁。

　　地铁上人头攒动，一个人不小心踩了小夏一脚，并且丝毫没有道歉的意思。小夏看了那个人一眼，那人却胡搅蛮缠起来，说道："你看什么看？"说完还拉住小夏的胳膊，摆出要和他打一架的架势。

　　此时，地铁到站了，小夏该下车了。如果跟对方打一架，那心里的气是出了，但肯定会耽误见客户。面对对方的挑衅，小夏说道："对不起，是我的错，我耽误您落脚了。"说完就下了地铁，向出口飞奔而去。

小样儿，有本事你揍我呀！看我不把你扔出地铁。

我才不与他争辩。马上就到站了，我要是迟到了，损失的可是上亿元！

113

生活中，当涉及是非对错的问题时，很多人喜欢和他人争论，非要争得面红耳赤，对方认输为止。事实上，是非对错要看你站在什么样的立场上。从利益角度来说，谁的损失大，就是谁的错。因为与人争论，消耗的是自己的时间和精力。对于有的人来说，这些时间和精力无非就是与人拉拉家常，说说闲话的时间；而对于另外一部分人来说，这些时间和精力可能意味着上百万的生意，意味着学习更多的知识，甚至意味着其他人的时间和生命。因此，与人产生争执时，不要总想着自己有理，别人有问题，只要你在这场争执中的损失比别人大，你就应该先认错，避免给自己造成损失。

● 方法点拨

当一件事出现不好的结果时，责怪、埋怨他人是没用的，后悔也是没用的，这些都改变不了结果。如果自己产生了损失，那就只能怪自己，因为只有自己才能改变事情的最终结果。

· 提前避免错误的发生

假如你拥有一家仓库，存放的都是易燃易爆物品，一个员工因为乱扔烟头导致了火灾的发生，你的损失巨大。那么错的人是谁呢？当然是你。因为你明知道仓库里都是易燃易爆物品，却没有采取防止员工吸烟的有效措施，这才导致了火灾的发生。因此，想要杜绝错误的发生，就要懂得提前防范。错误少了，人与人之间的矛盾也就少了。

· 学会及时认错

某些事情，对与错并不那么重要。夫妻之间为琐事争对错，朋友之间为对错较劲，同事之间为工作争对错，邻里之间为对错争吵，这些对错争得多了，反而会丧失生活的乐趣。比如：你昨天刷了 5 个碗，爱人今天刷了 3 个碗，你们两人为"谁干活儿多谁干活儿少"争论起来，谁也不肯服输。你认为自己干得多便委屈多，心情就会受到影响，心情又会影响身体健康，这损失大不大呢？因此，当你意识到不认错自己的损失非常大时，不要犹豫，立马认错。及时止损，何乐而不为呢？

· 闻过则喜，知过不讳，改过不惮

心理学上有个说法叫"不稳定的高自尊"，意思是，一个人把自尊建立在他人的评价之上，一旦感觉别人说自己不好，对自己不恭，就会心态失衡。这样的人一旦被折损了面子，就会千方百计地找回来。这样心胸狭隘的人，注定无法在社交中得到他人真心的反馈，也无法正视自己的错误。

南宋哲学家陆九渊认为"闻过则喜，知过不讳，改过不惮"是人生修行的最好方式，意思是说，听到别人说自己的过错应当欣然接受，知道自己的过失应当不隐讳，改正自己的过错应当毫不害怕。清醒地认识错误而加以改正，其间收获的不单单是一次经验，更是灵魂的升华。因为人无完人，人的可贵之处不在于不会犯错，而在于能够改错。

雪中送炭，
播下人情的"良种"

王刚投资失败，眼看公司就要倒闭了。不料，忽然有人给他的公司注资 100 万元，这笔钱足以帮他渡过眼下的难关。王刚很好奇此人为什么要帮自己，于是在见面时，他开门见山地问道："你的要求是什么？"

那人说道："有件事您可能已经忘了。20 年前，我差点儿饿死在路边。您给了我 10 块钱，帮我渡过了难关。今天我帮您，只为了还那一饭之恩。"

王刚这才霍然想起，20 年前，自己毕业找不到工作，身上只剩下 20 块钱时，看到一个男孩儿正向路边的人乞讨。王刚看他的穿着并不像职业乞讨者，想必是遇到了什么困难。于是，王刚掏出身上仅有的 20 块钱，分了一半给那个男孩儿。男孩儿接过钱时说："等我有钱了，一定报答您。"

我这儿有10块钱，拿去买点吃的。

20 年前，您给了我 10 块钱，救了差点儿饿死的我。今天我帮您，不要任何回报。

你为什么帮我？你有什么要求？

俗话说："不惜钱者有人爱，不惜力者有人敬。"想让他人心生欢喜，就要让他人受益，而让他人受益的最高境界就是雪中送炭。所谓雪中送炭，就是在他人急需帮助的时候，及时出手相助。

与雪中送炭相对的是锦上添花。大部分人都乐于好上加好，做那个锦上添花的人，这样既能显示自己的好，又不会有任何危险性。但锦上添花是可有可无的，雪中送炭却如救命稻草。在你有能力的时候，以一颗体恤的心去帮助那些处于困境中的人，是最大的善意，也会收获巨大的回报。

● 方法点拨

如果说经营人际关系就像播种，那么雪中送炭绝对是"良种"，收获的也一定是硕果。但需要注意，送"温暖"也要把握好良机，不能没头没脑地送，否则很可能会让自己得不偿失。

· 雪中送炭，首先要有"雪"

要雪中送炭，首先得有"雪"，也就是对方确实存在困难，非常需要你的帮助。同样一瓶水，在沙漠和城市中，价值完全不同。因此首先要搜集确切的信息，确定对方是真的有困难，然后再给予其最体贴、最实际的帮助，这样才能赢得对方的感激、感恩。

· 雪中送炭，重点在"炭"

雪中送炭时，最重要的是"炭"，即送什么。送的东西一定要准，如果一个人快要饿死了，这个时候你应该给他送食物，如果你给他送扇子，他多半不会感激你。只有解决了别人的燃眉之急，别人才会更加感激你，以后才会回报你。帮人要帮到点子上，否则白白付出了辛苦，却换不来相应的感激，说不定还会落个"帮倒忙"的骂名。

· 雪中送炭的精髓是不图回报

虽然我们将雪中送炭称为播种人情的"良种"，但要的是"无心插柳柳成荫"的效果，即我们在帮助别人时，不能以将来收获回报为目的。带着功利心去帮助别人，首先目的不纯粹，会让我们在出手相助时产生一定的顾忌；其次，如果没有得到回报，我们可能就会对雪中送炭这种处世方式产生怀疑。帮人时，真心相助，不求回报；回报来时，坦然接受。这个世界上还是懂得感恩的人多，不懂感恩的人是极少数。因此，只要我们付出了真心，回报是迟早的事。

投桃报李，
关系更密切

　　小张是一个很有才华的歌手，但迟迟没有崭露头角的机会。小华在一家经纪公司做得顺风顺水，逐渐建立起了自己的人脉关系网，他打算离职自己创业，但又苦于手下没有得力的艺人。直到有一天，小张和小华在一个聚会上认识了，两人聊起各自的情况，一拍即合。小张成了小华旗下的艺人，小华用自己全部的资源为小张搭桥铺路，小张很快从一个籍籍无名的十八线小艺人变成了一颗冉冉升起的新星。与此同时，小张也充分发挥自己的才能，为小华吸引了源源不断的商务资源，令小华的公司迅速强大起来。

我正打算开一家经纪公司，有资源没艺人，或许我们可以合作一番。

我 16 岁开始玩音乐，有才华没资源，这么多年来，一直籍籍无名。

⊙ 逻辑剖析

"投桃报李"这一成语源自中国的古老智慧，强调的是互惠互利的重要性。这一观点与社会学家霍曼斯所提出的观点不谋而合，霍曼斯认为：人与人之间的交往，本质上是一个社会交换过程。这种交换不仅包括物质的交换，还包括非物质如情感、信息、服务等各方面的交换。如果一个人付出多、回报少，他就会心理失衡，失去交往的积极性，甚至会选择主动结束交往。

所以，在人际交往中，我们必须明白"投桃报李"的含义，在互惠互利原则的指引下，相互支持、相互帮助，争取共赢。如果过分看重自己的利益，只求索取、不讲奉献，必然会导致人际关系破裂。

⊙ 方法点拨

人际交往是为了满足各自的情感或利益需求。而人际交往要想不断延续或加深，交往双方的需求和需求的满足必须保持平衡。

· 懂得礼尚往来，关系更持久

俗话说："来而不往非礼也。"别人再有钱，再有能力，也没有义务一直帮我们。更何况，人家也不是傻子，不会对一直没有回报的感情进行持续投入。所以，受人恩惠，要懂感恩，知回报。

同样，我们也不要一直给予他人支持和帮助，却不给对方回报的机会，这样的关系也无法长久。因为接受帮助的一方会产生"亏欠"的心理，这种心理如果一直得不到缓解，就会给对方造成巨大的心理负担。

· 互利互惠，不是相互利用

互利互惠，字面上看起来好像是相互利用，实则不然。真正的利用，背后充满了算计和阴谋，被利用的一方是蒙在鼓里的，是不情愿的。一旦利用关系被发现，双方的关系就会面临破裂。而互利互惠首先要彼此心甘情愿，其次是利他利己，最后是双方都很满意，乐意去效劳。

因此，互惠互利不仅仅是利益的交换，更多的是关注人与人之间的沟通和互相支持。在建立互惠互利关系的过程中，双方要相互尊重，相互理解，相互关注对方的需求和感受。一切帮助都是出于我们真正的关心。在这个基础上互利互惠，才能建立起持续发展的人际关系。

· 互利互惠虽好，也需要谨慎和适度

互惠法则是心理学中一个非常有趣的概念，它揭示了人们在接受帮助或恩惠后产生的内在动力和行为倾向。理解并运用互惠法则，我们就能在日常生活、商业策略以及社交关系等多个领域中更好地影响他人的行为和决策。

不过，使用互利互惠需要谨慎和适度，过度使用或滥用可能会让人感到被迫或不舒服，从而产生反感和不信任。比如，在对方还不够信任你的时候，就对对方大献殷勤，会让对方觉得你"不安好心"。因此，在运用互惠法则时，要考虑对方的需求和感受，尊重对方的意愿和选择，保持合理、适度的原则。

别怕吃亏，
利他就是最大的利己

♥ 案例重现

小贾去吃自助餐，餐费每人 79 元，小贾认为吃自助一定要把餐费吃回来，否则自己就亏了。于是一进餐厅，他就开始胡吃海塞，什么贵吃什么，吃完海鲜吃牛羊肉，吃完牛羊肉吃蔬菜水果，其间酒水饮料也没有停。吃完喝完，看到门口有冰激凌，他又每种口味都来了一个。朋友见状，纷纷竖起大拇指夸赞道："你这顿稳赚不赔，不像我们，也就吃回来一半的钱。"

其实小贾自己心里也在算着这笔账，按照他的吃法，他至少吃了有一百多块钱的东西。就在小贾为自己占了"便宜"而骄傲不已时，他的肠胃提出了"抗议"，导致他大半夜到医院输液治疗肠胃炎，花了三百多元。

122

◆ 逻辑剖析

很多人受到贪婪的驱使，喜欢做一些占便宜的事。但是在人际交往中，占小便宜往往会吃大亏，吃点小亏反而会占到大便宜。从本质上理解"吃亏"这件事，实际上就是一个人心胸开阔，懂得忍让，能够接受自己不重要的利益损失。

拥有这样的心胸和气度，在面对挫折和失败时，就不会一蹶不振，反而能从中汲取经验和教训，让自己成长起来；在面对不公和冤屈时，能够忍耐和宽容，在冷静与理智中增长更多的智慧；在面对选择和机会时，能够更加理性，不会被一点儿蝇头小利所迷惑。

◆ 方法点拨

精明的人懂得让利，大度的人懂得礼让，厚道的人不介意在某些场合放弃一点儿个人利益。不怕吃亏，不把短暂的得失放在心上，是一种高明的处世智慧。

· 吃眼前亏，不吃长远亏

俗话说："好汉不吃眼前亏。"虽然眼前亏会让人感到憋屈、愤怒，但在这个复杂多变的世界里，好汉也要学会吃眼前亏，只有吃得了眼前亏，才能长得了长远智。

有些亏看起来不能为我们带来更多的利益，并且会让我们有所损失，但并不见得是坏事。坏事是不懂得在吃亏中反思自我，总结经验教训，下一次遇到同样的问题继续吃亏。聪明的人不会因为吃点儿亏就耿耿于怀，他们会用吃亏换取学习的机会，让今后的道路少一些曲折。

· 吃小亏，不吃大亏

吃亏不是上当受骗，不是委曲求全，也不是忍辱负重，更不是打肿脸充胖子。会吃亏的人不会一直吃亏，而且他们只吃小亏，不吃大亏。小亏是表面上看起来吃亏了，实际上却收获了他人的好感和信任。大亏是触及了个人的根本利益，让你感受到严重的精神内耗，并且无法给你带来任何益处。这个时候，你就要勇敢地反抗，避免自己吃大亏。

· 吃主动亏，不吃被动亏

如果你的一生一直在吃亏，那只能说明，你不是一个真正聪明的人，或者说，你还不能很好地把控自己的人生。利己的吃亏都是主动吃亏，而那些被动吃的亏大多是损己的亏。主动吃亏是自愿放弃自己的某些利益，这种吃亏容易获得别人的好感；被动吃亏是失去主动权，被人掌控和拿捏。要想不吃被动亏，就要学会拒绝，同时要把握好拒绝的分寸。

不要相信人，
要相信人性

　　在一座山上，住着一对好朋友，一个叫阿福，一个叫阿丑，他们二人相依为命，相约要彼此照顾对方一生。后来有一年，山里遭遇天灾，他们种的粮食颗粒无收，两人便去山中挖野菜。结果野菜没挖到，阿福还摔伤了腿。眼看就要饿死了，阿丑提出下山找活路，而且承诺，一旦找到了活路，便回来接阿福。

　　阿丑下了山，在一家大户人家当了长工，有吃有住过得十分滋润。起初，他还想着等到安稳下来就去接阿福，但随着时间一天天过去，他渐渐把阿福忘在了脑后。阿福在山上等啊等啊，始终没有等到阿丑回来。

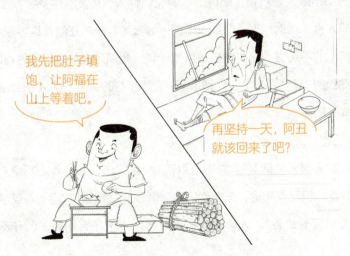

我先把肚子填饱，让阿福在山上等着吧。

再坚持一天，阿丑就该回来了吧？

人的本质是自私的，最关心的人永远是自己。甚至有的人表面阳光和善，内心却阴暗恐怖。因此，遇事尽量不要相信人，要相信人性。了解人性并不是为了教我们弃善扬恶，而是让我们学会甄别善恶，能够在纷扰中练就一双慧眼，了解人性的弱点却仍存善良，知道人情世故还能永葆天真。

● 方法点拨

心理学家阿尔弗雷德·阿德勒说："成熟并不是看懂事情，而是理解人性。"真正的强者，从来不会把人想得多好，而是尊重人性，顺应人性。

· 该翻脸时就翻脸，不要怕得罪人

电影《教父》中有这样一句台词："没有边界的心软，只会让对方得寸进尺；毫无原则的仁慈，只会让对方为所欲为。"我们从小就被父母或老师告知，做人要温和，要谦虚，要礼让他人。因此，生活中很多性格善良的人喜欢帮助他人。但如果把握不好尺度，一味迁就、纵容他人，就是对自己的不负责。只有学会适当地计较，我们才能成为更好的自己；只有该翻脸时就翻脸，别人才会知道你不是好惹的，下一次才不会毫无底线地欺压你。

· 不要轻易相信任何人

虽然说人与人之间最基本的是信任，没有信任，人与人之间便无法真诚地交往，但是要知道，无条件的信任既愚蠢又糟糕。"画虎画皮难画骨，知人知面不知心"，人心隔肚皮，你可以不去伤害别人，但并不代

表别人不来伤害你。人性远比我们想象的更加复杂，因此永远不要太信任一个人，即便关系再好，也要保持独立思考的能力和对事物基本的判断力。

· 没钱莫入众，人穷不走亲

"物以类聚，人以群分"，财富一直以来都是社会地位划分的依据之一，它就像一面隐形的围墙，阻隔了不同圈子之间的交际。因此，老祖宗才会留下这样的箴言："没钱莫入众，人穷不走亲。"这句话放在现代来说，我们可以理解为：没钱的时候，不要把关系建立在讨好上，一味地去讨好、巴结那些比你强比你优秀的人，这样做除了让对方瞧不起你，你本身得不到一点儿好处。也不要向亲戚诉苦，这个世界上没有真正的感同身受，有的只是冷暖自知，而且没有人会喜欢一个每天传递负能量的人。

第 八 章

掌握底层逻辑，
解决职场难题

在事业、家庭、朋友这人生三要素中，事业成功是人生

成功的重要标志之一。要想纵横职场，获得成功的事业，就

必须掌握底层逻辑，游刃有余地解决职场中的种种难题。

在权利关系中，面子是必需品

小张上班第一天，领导开会时说："咱们部门十分民主，有什么问题大家可以一起讨论。"其他同事听了，都礼貌地笑笑，大家都没有当真，只有小张当真了。在后来的工作中，小张经常直言不讳地提出自己的意见，领导也总是笑着回应。

年终，公司召开总结大会，领导代表部门上台讲话："今年我们部门进一步拓展了合作单位，现在已经拓展到了 46 家……"话音未落，小张就站了起来，直指领导的错误："您说错了，是 65 家。"领导的脸上顿时红一阵白一阵。没过多久，小张就被调离了公司的核心部门。

🔴 逻辑剖析

俗话说:"人活一张脸,树活一张皮。"上司在下属面前,往往更加要面子。这种对面子的看重源自人类几千年的文化历史,并根深蒂固地扎根于伦理型的社会人际网络中。如果下属公然让上司下不了台,那么即便是再大度的上司,也会因此耿耿于怀。而在职场中,上司通常是你惹不起,也躲不起的存在。因此,想要在职场中越走越顺,就要学会给上司留面子。

🔴 方法点拨

自觉地尊重上司,在非原则问题上顺从上司,是作为下属的本分。这并不是鼓励下属"见风使舵",或者当一个毫无主见的"老好人",而是提醒下属在提意见时要注意场合、分寸,讲究方式、方法。

· 将尊重上级刻进自己的骨子里

人际关系的基础之一就是尊重,上下级之间更是如此。或许有的人觉得自己的领导一无是处,能力和人品都不尽如人意,不值得去尊重。如果你也有这样的想法,那么你就要考虑一个问题,这样一个人为什么能成为你的领导?必定是他有什么过人之处,只是你还没有发现而已。换言之,每个公司都有着严格的等级制度,这是保证公司有序发展下去的根本。因此,身在职场,就要尊重职场的"游戏规则",在日常工作中,要时时处处表现出对领导的尊重。当领导向你交代任务或发出指示时,你要认真倾听,表现出重视和尊重。

· 上级有错误,要委婉地指出

俗话说:"人非圣贤,孰能无过?"再英明的领导也会有犯错误的时候，作为下级，既不能任由领导的错误继续下去，又要找到合适的方法去指正。可以用"有人说"这样的方式，也就是借他人之口，给予领导提醒。也可以用"提供信息"的方式指出问题所在，即不直接指出领导的错误，而是用商量、讨论的口吻提出领导的某些失误或失当之处，并请领导作出判断。还可以用阐述的方式进行批评，即在指出领导的问题时，以充分的理由、事实、数字为依据，选择合适的场合，提出自己的看法。如果领导同意了，那最好不过，如果领导不同意，也不要因此而心生怨气。

· 有问题可以指出来，不要背后议论

领导出了差错或工作中存在问题，你可以通过上述的方式向领导提出来，切记不要在背后议论领导的错处。背地里议论领导会让领导认为你是个爱说闲话、人品差的人，从而影响你和领导之间的关系。因此，你要尽量杜绝在背后议论领导，以免产生不必要的误会。如果别人主动跟你议论领导的问题，你也不要随声附和，更不要将听到的话到处传播，最好保持沉默，让它烂在肚子里。

内心可以单纯，
但手段一定要多样

▼ 案例重现

　　小李刚刚调到新的部门，为了证明自己的能力，他工作十分卖力。这天，他在办公室加班一整晚，将所有的工作整理分类完毕。可就在他上个卫生间的工夫，他的劳动成果被同事小陈提交了上去，并跟领导说是他们两个人一起完成的。领导当着全办公室的人表扬了小陈，对小李却只是简单地提了一句。小李心里十分不满，但碍于自己是新来的，处处需要同事们指点，不好得罪他人，于是只能"哑巴吃黄连——有苦说不出"了。

年轻人，很能干呀！我看好你。

领导，这是我们连夜整理出来的，您看看还有没有需要改的地方？

这是我熬夜整理的，不是他呀！

在职场中，被"抢功"的事情时有发生，有时是被同事抢功，有时是被上司抢功，无论抢功的是谁，处理不好都会令自己陷入尴尬的境地。面对这种情况，正面硬刚绝对不是最佳选择，因为从上司的视角看，他们并不是很在乎谁对谁错、孰是孰非，他们在乎的是下面的人少惹事，少点矛盾、冲突，别给自己找麻烦。因此，如果你抓住对方的错处不放，只会让上司觉得你是个"惹是生非"的人。

● 方法点拨

劳动成果被抢，会令人感到委屈。我们要想办法减少这种事情的发生，还要在竞争中让自己占据主动权。

· 及时请示和汇报，不让别人"钻空子"

很多人认为只要自己做出成绩来，领导必然会知道，请示与汇报工作并不重要。然而事实是，领导并没有那么多时间和精力关注到每个人。如果你不及时进行请示和汇报，就会给别人制造"钻空子"的机会，那些想着抢功劳的人，无非是比你更早向领导请示和汇报。在先入为主观念的主导下，功劳就这样被抢了。因此，你一定要知道请示与汇报的重要性，及时让领导知道你在做什么，已经做了什么，这样能在很大程度上避免被他人抢功。

· 同事不是朋友，不要轻易交心

古人云："逢人只说三分话，未可全抛一片心。"职场中最忌讳的事情就是对了解不深的同事轻易交心，什么都说，毫无隐瞒。实际上，同事之间大多存在着看不见的竞争关系，你说的真心话越多，就越容易被有心之人利用。所以，要尽量少与不熟的同事谈关于工作的事，比如自己的工作想法、思路以及所做的工作内容、成绩等。说者无心，听者有意，尤其是能力强的人，听到一点儿关键，就能完成整个过程。要知道，职场中真正的高手从来不会对自己的工作多言，即便谈到，也是点到为止。

· 随时准备迭代的方案，有备无患

很多人觉得，只要完成领导指派的工作就万事大吉了，事实上，仅仅完成工作是不够的，完成只是开始。要想把工作做到完美无缺，你还应该随时准备更新迭代的方案，这样做可以使自己的工作更具有延续性，并且难以替代。万一遇到被同事抢功这样的事，你就可以使用迭代的方案给予对方有力的还击。同时，不断更新方案还能提升你的不可替代性，让你的工作更具有价值。

遇到问题，
成为那个最有办法的人

　　小方进入职场十多年了，这十多年间，他的职位基本没有变动过，工资只有在集体调薪的时候，才会跟着大家一起涨。小方很郁闷，不知道是哪里出了问题。直到有一次，小方跟一名离了职的同事吃饭，对方一句话，让他陷入了沉思，对方说："这么多年，你有没有独立解决过一件事呢？"

　　小方仔细回想了一下，自己似乎确实没有独立解决过问题。每当遇到了问题，他都是能躲就躲，能推就推，一开始是怕自己做得越多，责任越大，后来当自己想要承担的时候，却发现自己没有那个能力，根本承担不了。

137

在职场，我们每天的工作其实就是解决各种大大小小的问题。因此，解决问题的能力就是工作能力的体现。解决问题的能力越强，代表工作的能力越强。然而在现实中，大多数人只喜欢提出问题，表面上看像是在思考问题、寻求答案，但实际上不过是在宣泄情绪，或者对他人进行控诉和指责，并没有真正着手去解决问题。

● 方法点拨

在职场中，如果你是一个凡事都有能力解决的人，那么你在同事和领导心中，就会成为一个可靠的人，然后逐渐成为不可替代的人。

· 少问责，专注解决当下的问题

工作中，我们经常会遇到一些紧急事件，比如：马上就要开工了，送货时间却延迟了；重要会议马上就要开始了，嘉宾却迟迟没有到场；去见非常重要的客户，却发现资料没有带全……面对这些让人焦头烂额的事情时，大多数人会本能地责问："不是让你检查一下吗？为什么会出现这种状况？"这看似在寻求解决问题的方案，但其实对解决问题一点儿帮助也没有。正确的做法是，首先思考如何处理，以便在事情变得不可收拾之前，有足够的时间和精力控制事态的发展。其次，充分了解每个部门的分工，并判断出同样的部门业务下，谁能给予你最好的帮助。这样，当再次遇到同样的事情时，就可以直接找对人，在最短的时间内将问题解决掉。

· 找出问题的根源，避免下次再犯

有的问题可能是意外，有的问题看起来像意外，实则是管理的漏洞。

因此，当下的问题解决了，并不代表就没有后顾之忧了，还需要对问题进行拆解。这不但需要你有较强的逻辑思维能力，还需要你拥有专业的知识储备。这样才能将出现问题的原因分析透彻，搞清楚整个问题的来龙去脉。

· 规划行动方案，彻底解决问题

当你正确拆解出问题的原因，并能针对每一个原因逐个击破时，下一步要做的就是规划出解决问题的具体行动方案。所规划的行动方案一定要切实可行，能真切地落到实处。同时还有一个很重要的前提，那就是自信和勇气。首先要相信自己能解决这个问题，还要有实施行动方案的勇气，在这个过程中如果遇到新的问题或挫折，要"逢山开路，遇水搭桥"，不能轻易地放弃或逃避。

用主人翁的心态，激发工作动力

小徐是一家连锁药店的管理人员，他的职责是巡查店铺。这天是阴天，天很早就黑了，小徐巡查到一家药店时，发现这家药店的灯箱还是关着的，而整条街上的其他店铺，早已经打开了灯箱。公司明文规定，到了夜晚必须打开灯箱，难道是当班的店员玩忽职守了吗？

小徐走进店里，问道："天都这么黑了，为什么灯箱还没有打开？"这时，店长走了出来，说道："因为还没有到公司规定的开启灯箱的时间。"听了店长的话，小徐哭笑不得。

● 逻辑剖析

如果你想成为公司里独当一面的人，成为那个即便离开公司，依旧十分抢手的人才，那么你就得拥有主人翁的心态，把工作当作事业去奋斗，这样才能"主动作为"。

所谓"主动作为"，就是拥有主动意识，在工作中主动付出，而不是等着上司指派，或是被公司制度所支配。从表面上看，"主动作为"是公司占了便宜，但实际上最大的受益者是我们自己，因为公司为我们提供了平台，在这个平台上，只要我们拥有主动意识，到处都是提升自我认知和能力的修炼场，这样一来，成为抢手的人才指日可待。

● 方法点拨

如何成为一个"主动作为"的人呢？其实很简单，不事事等人交代，能自动自发地做好一切，哪怕起点比别人低，也会有很大的发展。

· **提升意识，从"要我做"变成"我要做"**

"要我做"是打工者的心态，而"我要做"是主人翁的心态。当你将"要我做"转变为"我要做"的时候，就可以达到真正的主动状态。这种状态表现为主动思考，主动承担责任，主动关注结果，同时还懂得维护自己的利益和所追求的目标。

· **不计得失，主动分担一些"分外事"**

作为一名员工，除了要做好自己分内的工作，还要有大局观，不能把"分内事"和"分外事"分得过清，要争取多干"分外事"，主动担当"分外事"。拒绝承担"分外事"，说轻了是能力问题，说重了是态度问题。因此，只要是有益于企业、有益于发展的事情，就应该主动承担、积极补位。

提高标准，要求一步，做到三步

古人云："人一之，我十之；人十之，我百之。"做任何工作，要尽可能比公司和领导要求的多做一些，超出他们的期望。例如：公司要求你一天拜访5个客户，你能否拜访10个？公司要求你每月完成50万的销售指标，你能否争取完成60万、80万？更高的标准会让你进步得更快，你也会因此得到领导的青睐和信赖，并且拥有更大的自主空间。相反，领导说一点儿就照着做一点儿的人，永远无法取得事业上的成功。

足够专业，
走到哪里都能吃好饭

♥ 案例重现

　　小丽毕业后，进入了一家合资企业做销售，这家企业主要生产贩卖机。在农村长大的小丽，对贩卖机感到很陌生，推销起来也是困难重重。客户问她："这种机器在国外的发展前景怎么样？"小丽说："我现在上网给您查查看。"客户问她："你们公司的贩卖机在科研方面的投资是多少？大约多久会更新换代？"小丽睁着一双无辜的大眼睛，说："这些公司培训的时候没有说，我回去问问主管，回来再答复您。"最后，客户无奈地摇着头走了。

人一旦选择了某项专业，往往会伴随其整个职场生涯。如果在这个过程中，努力的方向不对，那么努力就等于白费，因为人无方向走不远，技无方向终究浅。那什么是对的方向呢？任何成就的取得都源于专业的积累，在岗位上，要想让自己有更大的发展，首先要做的就是把本职工作做好，提升自己的专业程度。

● 方法点拨

在职场中，专业的态度和精神非常重要，它们是工作成功的必要前提。一个专业的人应该有热情和责任心，有尊重和合作的精神，不断追求卓越和持续学习。只有这样，才能在职场中不断取得成功。

· 不断探索，将不懂的地方搞懂

每个人的能力提升与认知进步，都是由于对事物的好奇，才特意去感知、去认识的。因此，你要对自己所从事的工作永葆好奇心，不断地探索，深入地挖掘，将这个过程中自己不懂的地方弄懂。攻克一个又一个的难关后，你就会发现，自己的专业能力在不知不觉中获得了巨大的提升。

· 多练习，熟能生巧

工作中，你之所以有感到陌生、害怕出错的地方，其实是不够熟练在作祟。那些看似很专业、很厉害的人，其实也没有什么特别之处，就是不断地练习，让自己的技能熟练一些，再熟练一些。而这就是提升专业技能的途径之一。当别人看到你能娴熟地进行某项工作时，你在别人眼中就是"专业"的代名词。

· 多向前辈请教、学习

要想让自己的专业能力提升得快，一定要多向前辈学习、请教，将他们会的学过来。以前辈的能力为基础，就等于"站在了巨人的肩膀上"，从而使自己的专业能力更强。但职场中的学习和学校中的学习还是有很大差别的，前辈也好，同事也好，不会像老师一样，事无巨细地传授给你知识和经验。因此，你要学会见缝插针地去学习，尽可能多地把别人做事的场景变成一个学习的场域。同时，要提高自己的情商和交际能力，让对方心甘情愿地教你。

第九章

着眼于长远布局，做高明的管理者

一位合格的管理者，不仅是下属的领路人、技能教练，还是挖掘下属才能和潜力的伯乐，更是下属的良师益友。因此，管理者要有远见，要不断提高自己的管理能力和管理水平。

没有 KPI，
员工也能自己奔跑

● 案例重现

小刘在一家私企工作。周五，上司陈经理对他说："你刚来，很多东西需要学习，明晚和我一起陪客户吃个饭，跟着学习一下。"

陈经理以为小刘会对他的"照顾"感恩戴德，没想到小刘一口回绝道："不好意思，这周六我妈妈过生日，我恐怕不能跟您去陪客户了，不过还是很感谢您为我提供学习机会。"说完，小刘就淡定地收拾好办公桌，背起背包下班了。陈经理气急败坏地对着小刘的背影喊道："你小子就不怕绩效考核不及格吗？"小刘一边走，一边头也不回地说道："不怕！"

你别"敬酒不吃吃罚酒"，别忘了，你的绩效考核还掌握在我手里呢！

别拿绩效考核来压我，大不了我不干了。此处不留爷自有留爷处！

拿着鸡毛当令箭，成天用绩效考核压制我们。

要不是绩效考核，谁愿意受他的气！

关键绩效指标（Key Performance Indicator，简称KPI）是用于衡量工作人员工作绩效表现的量化指标，是企业绩效管理的基础。KPI带来的最大问题，是下级取悦上级，因为上级是负责考核的人。当一个人做事是为了取悦上级时，那么他做事的初衷就偏离了正确的轨道。真正能够激励员工跑起来的工具，永远不会是KPI，而是自驱力。管理的最高境界就是点燃员工的自驱力，让员工实现自我管理，自发主动、充满激情地投入工作当中。

● 方法点拨

员工的自驱力是内在的，是领导无法给予的，但领导可以去发掘，去助推，让自己的带动力形成一股外驱力，作用到员工的内驱力上。

· 薪资是最基础的安全感

安全需求是人类最基础的需求，无论做什么工作，首先要满足的就是安全需求。而安全需求在职场中最直接的体现就是薪资水平。因此，企业首先要建立与市场接轨的薪资体系。其次，企业的职级体系、任职资格管理等要科学、公正、透明，进一步加强员工对工作的安全感。只有满足了员工的"小我"，才能激发员工为"大我"奉献的自驱力。

· 权力下放，让员工实现"自治"

管理者要学会将权力下放，让员工实现"自治"。权力下放意味着让员工对自己负责，员工可以按照自己喜欢的方式完成分配给他们的任务，如何处理工作中的问题也取决于他们自己。作为管理者，只需关心最后的结果即可。当员工有权力去做某项工作时，他会更加愿意去做，并且会更加积极地参与其中。

需要注意的是，权力下放不是责任下放，员工拥有解决某项工作问题的权力，但不代表要把这项工作所有的责任也完全托付给员工。当在权力下放的过程中出现问题时，管理者要集中注意力去解决问题，而不是问责，更不能将自己该承担的责任推到员工身上。否则，只会令员工因害怕担责任而不敢负责。

· 目标能让员工明确努力方向

有些管理者经常因为很多事情忽略了设定目标，走一步算一步。一个人没有目标，就不知道该朝哪个方向努力；一个团队没有目标，就会像一盘散沙，无法凝聚到一起。有了明确的目标和目标管理，不但能让每个人都朝着目标努力，而且可以进行授权管理，最大限度地激发员工的主观能动性。

培养分工能力，
有利于沟通和协作

　　一名年轻的军官到部队检查操练情况时，发现每次都有一个士兵纹丝不动地站在炮筒下，整个过程什么也不干，就只是站着。军官感到不解，便过去问道："你为什么一直站在炮筒下呢？"士兵回答："按照操练条例的规定，我就应该站在炮筒下。""那你站在炮筒下做什么呢？"士兵摇摇头，表示不知道。

　　这时，部队里一个上了年纪的士兵说道："过去要用马拉大炮，所以炮筒下需要有一个士兵拉住马的缰绳，防止大炮发射后因后坐力产生距离偏差，减少再次瞄准的时间。现在时代变了，不需要马拉大炮了，但条例没有改，所以他只能站在这儿。"

他们站在炮筒下干什么呢？

他们什么也不干，操练条例里面规定他们要站在炮筒下。

　　一个人生产一根针，效率远远低于几十个人同时在分工条件下的批量性生产。效率源自合理科学的分工，这也是管理的核心任务之一。想要提高组织的工作效率，就需要组织者编织一个栅格般的有机体，精妙地把随心所欲的"人"视作具有灵性的"部件"，嵌入其中，每一个人都有准确的职责，在标准面前成为"唯命是从"的执行者，在程序面前成为忠实严格的衔接者。

● 方法点拨

　　如果把企业比作一台庞大的机器，那么每个员工就是一个零件。管理者只有做到科学合理地分工，每个员工才能明确自己的岗位职责，才不会产生推诿、扯皮等不良现象，"机器"也才能正常地运转起来。

　　· **科学合理地分工，需要了解员工的特点**

　　对于管理者而言，想要让正确的人待在正确的岗位上，就需要了解员工的特点和需求，这样才能做到用人所长，知人善任。了解员工最直接有效的方式就是建立员工档案。员工档案对员工的成长和发展是至关重要的，很多单位会通过建立员工档案来规划员工的成长路径，也会根据员工档案来激励员工。

　　员工档案中应包括家庭成员、家庭住址、紧急联系人、毕业学校、从业经历、项目经历、技术特长、个人爱好等信息。通过这些信息，管理者就能基本了解一个员工的成长过程。同时，管理者还要与员工多交流、多沟通，以达到更全面地了解员工的目的。

· 科学合理地分工，需要用人所长

很多管理者习惯将目光放在员工的短处上，认为某个员工的短板会影响整个团队的水平。实际上，尺有所短，寸有所长，只要分工合理，每个人都能发挥出自己的长处。因此，管理者不要总是盯着员工的缺点，而要多关注员工的优点，能够用人所长。除了用人所长，管理者在分工时，还要讲求团队员工结构的合理性、互补性，讲求用人的效益，要因事找人，不能因人找事。

· 科学合理地分工，要学会识人用人

俗话说："千里马常有，而伯乐不常有。"管理者应该具有识人用人的能力。晚清名臣曾国藩用人的理论是：广收、慎用、勤教、严绳。"广收"就是广泛招揽人才；"慎用"就是视情而用，用其所长，务必慎重；"勤教"就是经常进行督导和教诲；"严绳"就是立法度、定规矩。通过这些方法，曾国藩手底下涌现出了不少有能力的人。

提高管理规范，
降低管理难度

老闫最近升任了部门主任，作为部门老好人的他，只知道如何跟同事们打好关系，却不知道该如何管理一个部门的人。周一开会，小王迟到了。老闫心有不悦，却也只是说了一声："下次注意。"可到了下一次，小李又迟到了。老闫仍旧是那句："下次注意。"为此，老闫特地开会强调了"不得迟到早退，也不得无故缺席会议"，可是迟到早退的现象仍旧屡禁不止。

下次注意，别再迟到了。

好的，主任。

再迟到你也不能把我怎么样！

◯ 逻辑剖析

俗话说："无规矩不成方圆。"管理更是如此。很多管理的问题，追根究底都是不够规范引起的。因此，想要做好管理，首先要有管理规范。所谓管理规范，就是制定的制度和流程。有了制度和流程，就意味着事物的本质和规律我们已经掌握，并且能够快速准确地解决问题。

◯ 方法点拨

管理规范是非常有效的管理工具，一个优秀的管理者往往是管理规范的制定者，也是管理规范的撰写者。同时，追求管理规范的过程，也是管理者提升自我认知和管理水平的过程。

· 管理规范要简洁、简单

很多管理者认为管理规范越多越好、越详细越好，但实际上，没有人有耐心去记一条又一条复杂的管理规范。管理规范越少、越简单，越有可能被执行。因为只有简洁，才有可能被员工理解和记忆，而被记忆是执行的前提。因此，管理规范最好一页纸，最多 12 条，每一条不要超过一行，这样才有可能真正被践行到实际中。

· 使用工具，让管理更简单

过去考勤靠人工记录，浪费时间，还容易产生矛盾。现在考勤用打卡机，方便、简捷，还不容易产生矛盾。管理工具的出现，就是为了让管理更加方便、快捷。因此，在制定管理规范的时候，一定要配套设计相应的管理工具，包括具体的操作方法、表格、模板、操作流程图等。使用管理工具是提高管理规范的有效途径，也是让管理规范可落地执行的关键。

· 动态优化，切忌一成不变

管理规范不是制定出来就可以一劳永逸了。没有一种规范可以永远不变，因为时代在变，人员在变，一切都在变。因此，制定出来的管理规范必须随着新技术、新应用，以及使用过程中出现的新问题，定期进行优化和调整。不断改革和更新的管理规范才是好的管理规范，否则就会成为一颗毒瘤，影响管理工作的开展。

刺激员工良性竞争，
是一种大智慧

　　某大型连锁超市因为地理位置优越，商品种类丰富，客流量十分大。但与此同时也存在一个问题，那就是结账时顾客要排很久的队，很多顾客对此抱怨连天。顾客结账之所以要排很久的队，很大一部分原因在收银员身上。

　　发现这一管理漏洞后，管理人员想出了一个妙招：他在每台结账的电脑上设置了一个小游戏，每当收银员结完一单后，都能从电脑上看到自己的结账时间，以及自己在所有收银员中的排名，而排名与当日的奖金挂钩，同时还会作为年底优秀员工的考核依据。这样一来，所有收银员的结账速度都得到了大幅度的提升。

在一个团队中，成员之间或多或少存在着一些差异，比如个体差异、职级差异、认知差异等。存在差异往往意味着存在潜在竞争。人都有争强好胜的心理，如果管理者能在团队内部建立起良性竞争机制，就好像搭起了一个擂台，让员工们"上台"较量。这样能充分调动员工的积极性、主动性、创造性和争先创优意识，一方面能够提升员工自身的能力，另一方面能够提高团队的活力。

● 方法点拨

没有竞争就没有发展，在一个有活力的企业里，处处存在着竞争。利用竞争激励员工是一门艺术，是每一个管理者都应掌握的管理技能。

· **数据激励，具有可比性和说服力**

利用数据激励员工竞争，就是把员工的行为结果用数据对比的形式反映出来，用数据显示成绩和贡献，更加直观地体现出员工的劳动成果，从而激发员工的进取心。具体操作如下：首先将员工的各种考核指标进行数字量化，并尽量用文件或制度的形式确立下来；其次，在评选先进员工时，尽可能用数字化的方式来衡量其工作成果及成长进步状况；最后，使用专门的场地张贴数据榜，将成果公布于众。

· **分组竞争，形成竞争环境**

激励专家认为，最好的激励机制是在企业中形成高绩效的环境，让不劳而获的人没有容身之地，同时使员工的敬业精神得以发扬。分组竞争就是创造高绩效环境的有效方式。具体方法为：将公司或团队业务分为若干组，每天或每周公布业绩排行榜，月终总结表彰先进员工和小组。

与来自上级的命令相比，这种来自同级的压力更能提高员工的积极性和工作热情。

· 设置对手，提高竞争的"可见性"

很多时候，员工缺少竞争精神，很可能是因为不知道对手是谁，所以无法激起斗志。如果员工知道自己的对手是谁，就会大大激起他们的胜负欲。因此，让员工看到自己的竞争对手，也是刺激员工良性竞争的手段。比如，将员工的业绩进行排名，让员工看到谁在跟自己一较高下，让挑战从工作本身变成名次的竞争，然后通过名次的排列来决定晋升和加薪。

以身作则，
用影响力进行管理

　　老成最近升职做了主任，一上任他就摆起了领导的谱，制定了一系列规矩。周一早晨，他组织部门职员开会，定好八点半准时开始，但是到了八点半，他却迟迟没有来。整个部门等了十多分钟，老成才推门进来，像什么都没有发生一样，既没有说明原因，也没有向大家道歉。

　　第二次开会，小王迟到了，老成狠狠地批评了小王："规章制度上写着，不得迟到早退，按照规定，扣罚你本月 20% 的奖金。"小王反驳道："上次您也迟到了，也应该扣钱。"老成气急败坏地说："规矩是我定的，我想晚来就晚来。"从这以后，老成的威信一落千丈，他定的规矩没人再当回事。

就是，就是。

开会迟到，扣罚 20% 的奖金。

凭什么？上次您也迟到了，为什么没有罚款？

　　管理者是什么？管理者是一个部门的核心，是一个部门的带领者。"火车跑得快，全靠车头带"，如果说整个部门或企业是一列火车，那么管理者就是这个"车头"。那些表现在员工层面的问题，根源往往在管理层，领不到位就是缺位，导不好向就是失职。作为权力的拥有者，管理者的一言一行、一举一动都在无形中起着重要的作用，管理者能够以身作则，言传身教，躬身践行，才是最有说服力的管理方式。

● 方法点拨

　　想让下属是什么样子，管理者就得先做出示范，管理者只有发挥好表率作用，才能树立起好形象，带出一支好队伍。

· 遵规守时，带头培养时间观念

　　没有管理者会喜欢一个经常迟到早退的员工；同样，没有员工会信服一个没有时间观念的管理者。从管理角度而言，守时是提高办事效率、凝聚团队力量的重要途径。从个人角度而言，守时是一个人自律的体现。守时的人给人的感觉也更加靠谱，跟守时的人一起共事，总是让人放心。因此，守时的管理者更容易赢得下属的信任，也更容易在下属心中树立起威信。

· 理解下属，尊重下属

　　按照等级来说，管理者处于高位，理应得到下属的尊重。但从人与人相处的角度而言，身为管理者，更应该去理解和尊重下属。人与人之间的关系都是建立在相互理解、相互尊重的基础上的，没有这个基础，人与人之间的相处就会产生重重阻碍，从而使管理工作难以进行下去。

因此，无论是对待上级，还是对待下级，或者对待平级，都应该彬彬有礼，有风度、有温度，关系处好了，管理工作才能更顺利。

· **信守承诺，说到做到**

很多管理者为了激励员工，经常会做一些"画大饼"的事情。但员工也不是傻子，"大饼"画上一次两次，员工还能被激励到，次数多了，就会损伤管理者在员工心中的威信。因此，管理者可以制定一些"高大上"的目标，激励员工去追求。如果员工做到了，那么对员工的承诺就一定要兑现。这样管理者才能树立起良好的口碑，在鞭策员工时，员工才会更有前进的动力。

第十章

掌握赚钱的思维，成为下一个富翁

新的时代，复杂的互联网环境、丰富的多媒体平台、多样的职业赛道，既是机会，也是考验。想要抓住这些机会，通过这些考验，成功走上致富之路，必须掌握赚钱的思维，并用这些思维丰富自己、开发自己、提升自己。

培养富人的思维，
学习富人的习惯

● 案例重现

　　小王一心想发家致富，他靠着灵活的头脑积累下了第一笔财富。正当他思考着用这笔钱来做些什么时，他得知一位世界著名的投资家要来到他所在的城市，届时人们可以通过"竞拍"获得与投资家共进晚餐的机会。

　　小王认为这是个千载难逢的机会，便花了一半的积蓄拍下了与投资家吃饭的机会。到了共进晚餐那天，小王欣然赴约。没有人知道他和投资家到底聊了些什么，只知道之后没多久，他的资产就翻了一番。没几年，他就成了当地首屈一指的富豪。

这顿饭的价值是不能用金钱来衡量的，其中的收获够我受用一生了。

您花这么多钱就为吃一顿饭，觉得值吗？

请问您和世界上最著名的投资家聊了些什么？

富人之所以能成为富人，是因为他们的思维方式和行为习惯有着常人所不能及之处，这帮助他们成功实现了财富积累和财务自由。普通人想要成为富人，首先要拥有富人的思维和习惯，而富人的思维和习惯是可以通过模仿和学习获得的。思维的转变是一切转变的开始，一旦具有了富人的思维和习惯，有钱就是指日可待的事情了。

◆ 方法点拨

商业思维是培养出来的，遇到项目先去分析底层逻辑，慢慢你会发现赚钱之道都是相通的，这时你就掌握了富人的思维逻辑，学习到了富人的行为习惯，并将成为下一个富人。

· 富人有明确的目标

一艘船在大海中航行，如果没有明确的目标，就不知该往何处发力，所遇到的风也都是逆风。人做事如果没有目标，就不知该往何处努力，只能像无头苍蝇一样乱飞乱撞，难以有所成就。富人做事往往会提前制定目标，当他们认准一个目标后，就会将大目标拆解为一个个小目标，然后从小目标开始，一步一步去接近大目标。对于他们而言，没有一步路是乱走的，也没有一丝努力是白费的，他们所付出的一切都是为了达到目标。因为目标明确，所以行动起来更加有动力。因此，想要致富，就先给自己制定一个目标吧，有了目标，你才能知道方向在哪里。

· 富人不会盲目忙碌

《韩非子·功名》中说："右手画圆，左手画方，不能两成。"人的精力是有限的，当目标过多时，就很难做到最佳。富人做事往往会分轻重缓急，不会盲目勤奋，他们认为，与其花费宝贵的时间和精力凿出许多浅井，不如先花点时间找出最重要的位置，然后集中时间和精力去凿出一口深井。只有这样，才能避免陷入"越忙越穷"的窘境之中。因此，想成为富人，就要学会节约时间成本，不要将时间花费在没有意义的事情上面，而要将主要精力放在重要的事情上，这样你就会离成功越来越近。

· 富人不会墨守成规

富人之所以能成为富人，是因为他们有一颗"不安分"的心，不安于平庸的状态。在他们眼中，不是没有机会，而是懂不懂创造机会；不是没有钱，而是有没有挣钱的方法。这便是富人的思维。他们遇事会开动脑筋，寻求打破常规的方法，尽可能地"锐化自己"，提高自己对新事物的敏感度，保持长远的眼光和独特的见解。所谓"富贵险中求"，富人就是用这种冒险的精神，发现越来越多的机遇，创造出越来越多的财富。

吃不穷，穿不穷，
不会"算计"要受穷

　　年底了，小陈夫妇算了一笔账，发现他们夫妻俩一年的总收入将近10万元，但到了年底却所剩无几。小夫妻俩没有购买大件商品，消费也基本是日常开销，怎么就存不了钱呢？

　　而他们的父母，一年总收入才5万元，却存款2万元。睡不着的夫妻俩仔细回忆起来：两个人一人一辆车，一年下来的燃油费、保险费，以及车辆保养费用，将近2万元；给孩子存了一笔教育基金，一年1万多；"五一""十一"黄金周出游，也得两三万。这还不算每个月的生活费，孩子的各项学费，还有逢年过节走亲戚、人情往来这些钱……

不但没存款，而且马上负数了……真奇怪，我们挣的钱都去哪儿了呢？

老婆，今年咱家存了不少钱吧？

🔵 逻辑剖析

很多人在生活中会遇到这样的问题：明明省吃俭用，没有胡乱花钱，到头来还是攒不下钱。之所以出现这种情况，很大程度上是因为没有区分"必要支出""弹性支出"和"隐形浪费支出"。你花的每一笔钱并不全是必要支出，有的支出可以有更好的选择，还有的支出看起来是"必要支出"，但实际上却是"隐形浪费支出"。因此，我们在花钱时，要多考虑一下"是否还有其他选择"，如果有，这笔钱就不是必要支出，要么可以寻找更省钱的替代品，要么可以完全省下来。

🔵 方法点拨

赚钱需要有原始积累，即便是白手起家的富翁，最初也是靠着积累，先拥有一定的起步资金，然后才一点点地实现了致富。

· 积累不是单纯的省钱，而是有更优选择

存钱并不意味着一味地节省，而是意味着"用低成本做出令人满意的选择"，即在能得到同样的满意度和效用时，选择价格更低的物品；在进行选择时，不以想要的物品为主，而以必要的东西为中心……总之，要达成一种无压力存钱的状态，而不是时时刻刻在存钱。同时，要用"时薪"来考虑"是否值得"。如果你一个月的收入为 3000 元，一个月的工作时间为 24 天，一天的工作时间为 8 个小时，那么你的时薪就是 15.625 元。如果你在寻找最优选择的时候，所花费的时间和精力已经远远超过 15.625 元，那么这个选择就不是最优选择，这时贵一点儿的东西反而更加合适。

· 用基本工资去规划生活

大部分人的收入通常是由"基本工资 + 奖金"构成的，其中，基本工资是固定的，奖金是浮动的，所以我们在规划生活时，不要将奖金算入其中。比如，基本工资是 3000 元，奖金有时候是 1200 元，有时候是 1000 元，如果将奖金也算到生活开支中，那么就会有超支的情况出现。相反，如果只用基本工资去规划生活，那么奖金就是"意外之财"，可以用来做一些理财投资，也可以用来自我投资。

· 针对不同用途，建立不同账户

生活中，每笔钱都有不同的用途，比如：有的钱是用来理财的，有的钱是用来存款的，有的钱是用来生活的……针对每一笔钱不同的用途，可以分别给这些钱建立单独的账户，每个月在固定时间给这些账户"充值"。对于存下来的"固定资产"，若非人命关天的大事，就绝不要动用这笔钱财。或许每个月存不了多少钱，但是日积月累下来，也会成为一笔不小的财富。

抓住人们的需求，
成功把钱赚到手

● 案例重现

一条街上有两个报童卖同一种报纸。报童甲很勤奋，每天早早就沿街叫卖，向路过的每个人推销报纸。可是，他每天卖出的报纸并不多，而且还在不断减少。

报童乙除了每天沿街叫卖，还坚持去一些固定场所，给那里的人分发报纸，让他们免费阅读，一段时间后再收回。虽然报纸有损耗、丢失，但他卖出的报纸越来越多，一些人专门买他的报纸。

最后，报童甲生意惨淡，另谋出路。而报童乙生意红火，成为这条街上唯一的报童。

"赚钱"与"挣钱"是两种完全不同的概念。"挣钱"是指靠出售自己的时间与劳动换取薪酬；而"赚钱"是指用自己的时间与劳动创造另一形式的劳动状态，比如创立公司，经营产品或专项才能，创造资产。

从本质上来说，赚钱是一种财富的转移，即财富总量不变，财富从一个人的手里转到另一个人的手里。从人性方面来说，赚钱就是抓住人们的欲望和需求，一步一步实现财富转移的目的。

● 方法点拨

想要成功将别人手里的钱赚到自己手里，必须依靠正规合法的手段，这需要你拥有一技之长或独特的产品，站在对方的角度看问题，洞悉对方的真正需求。

· **拥有一技之长或独特的产品**

想要把钱从别人的口袋赚进你的口袋，你首先要有"资本"。什么是"资本"呢？可以是一技之长，比如，比尔·盖茨给全球很多电脑用户提供了服务，自然就有无数人把钱装到他的口袋里；也可以是独特而优质的产品，让人们乐意为你的产品买单。

· **充分换位思考**

无论是生意伙伴，还是客户；想要赢得对方的合作，从对方手里赚到钱，就要把自己放在对方的位置上，探求对方所有表现背后的心理。你要清楚，如果你是生意伙伴，你想通过什么样的方式、方法获取怎样的利益？如果你是客户，你如何才能让自己觉得钱花得值？只有懂得换位思考，善于设身处地地为对方考虑，对方才能心情愉悦地跟你合作，心甘情愿地掏钱给你。

· 先学会付出，赢得对方的信任

俗话说："舍不得孩子套不着狼。"我们想要有所收获，就得先学会付出。让对方尝到"甜头"，才能赢得对方的信任。比如，商家想要证明自己的产品好，不妨先选择免费试用或赠送的方式，这样一来可以吸引消费者，积累人气，二来可以利用人们"回报"的心理，建立起信任的基础。

稀缺资源，
决定了财富的分配权

● 案例重现

　　老李一开始只是个摆地摊的小商贩，在一次进货时，他发现了一种小饰品，进货成本只要 1 块钱，但转手就能卖 10 块钱，于是他将钱都用来进了这种小饰品。果然，这款产品卖到了脱销。但很快，老李的进货渠道被其他人发现了，于是越来越多的人加入了这款产品的销售中，老李的利润从之前的 9 元一路降到 2 元。老李意识到，这不再是一条致富之路了。

　　这时，镇上开始搞房地产开发，沿街的地段都盖起了商铺。当时人们认为，商铺不能用来住，自己又不做买卖，买商铺不划算。只有老李第一时间拿出自己摆地摊挣的钱，买下了位置最好的一间商铺。如今，当年的竞争对手还在街上摆地摊，打价格战，老李却已经过上了收房租的日子。

176

靠勤劳是否能致富呢？答案是肯定的。不过一个人再勤劳，他的劳动能力也是有限的，而有限的劳动力永远挣不到无限的钱。因此，想要挣到更多的钱，你不但要有创造财富的能力，还要拥有分配财富的权利。而分配财富的权利需要你掌握稀缺的资源，只有掌握稀缺资源的人，才能拥有财富的分配权。

● 方法点拨

越是稀缺度高的资源，竞争越是激烈。因此，获取稀缺资源，光靠努力是不行的，还得靠争取，要把主动权牢牢掌握在自己手中。

· 提前布局，争取快人一步

智慧是谋取稀缺资源最低的成本，也是大多数人能掌控的。具体来说，就是提前布局，在别人没有稀缺资源的时候，自己率先持有。这需要我们具备一定的判断能力，比如，在某个行业还未兴起时，就做出预判，然后先人一步进入这个行业当中。未雨绸缪永远是谋取稀缺资源的有效手段。

· 经营关系，获得第一手资源

除了靠智慧获取稀缺资源，还可以靠各种交易和经营关系来获取。在这个世界上，80% 的资源掌握在 20% 的人手中，这 20% 的人就是需要我们去经营的关系。谁手中拥有稀缺资源，那么就跟他打好关系；谁能拿到稀缺资源，那么就好好经营与他的关系。可以通过长期的情感投入经营这段关系，也可以通过利益交换来维系这段关系。

· 深耕一行，提高自己的稀缺性

如果你没有任何能力和手段获取稀缺资源，那么就剩下最后一个办法了——让自己成为稀缺资源，即提高自己的稀缺性。那如何提高自己的稀缺性呢？最简单、有效的方法就是"干一行，爱一行"。三年入行，五年懂行，十年称王，宁愿一件事做十年，也不要一年做十件事。熬得住才能出众，熬不住就只能出局了。要记住，当下的选择就是最好的选择，既然选择了，就要坚持到最后，直到成为一个领域里的王者，成为最稀缺的人才。

利用信息差，
快速获取财富

● 案例重现

　　小杰大学学的是设计。毕业后，他进了一家广告公司，每天的工作就是P图，一个月下来挣5000多块钱。直到有一天，他在网络论坛闲逛时，看到了一个"求助帖"，上面是一张模糊不清的老照片。原来，这是贴吧楼主的奶奶唯一的照片，奶奶已经离世，所以楼主希望别人能帮助他修复这张照片。

　　小杰被楼主祖孙俩的感情打动，应下了这个活儿。接下来一个星期的闲暇时间，小杰都用来修复这张照片了，最终成功修复了照片。楼主十分感激，给了小杰1000元的酬劳。从此以后，小杰就以修复旧照片作为自己的副业。

179

❤ 逻辑剖析

在这个世界上，有人之所以能轻而易举地获取他人得不到的财富，是因为他们获知了他人不知道的秘密，这些秘密也称"信息差"。所谓信息差，就是在经济活动当中，一些成员拥有其他成员无法获知的信息，而优先掌握信息的人就在市场活动中处于绝对优势地位，从而可以轻松地从交易当中获利。

❤ 方法点拨

在现代商业社会中，掌握了信息差，就相当于拥有了财富密码。那么，我们如何在信息大爆炸的环境中，获取有效的信息差呢？

· 读书百遍，其义自见

多读书，可以是读很多本书，也可以是一本书读很多遍。要想锻炼自己获取信息差的能力，重要的不是读多少书，而是能否选对书。选对一本书，胜过读 1000 本平庸的书。选择一本对的书，一遍又一遍地读，直到将书中的逻辑方式变成自己的，那么这本书就能为你所用了。什么是对的书呢？那些经典的作品，都值得细细品读和研究。

· 建立商业关系网，并不断延伸

一个人每天能获取什么样的信息，跟他每天所接触的圈子有很大的关系。因此，我们要有意识地培养自己的商业关系网。一要多跟行业领军人物接触，听他们一席话往往胜读十年书；二要有前瞻性，每个人身后都有一张社会关系网、知识价值网、经验教训网，分析这些"网"，可以让我们精准地选择该与什么样的人结交。尤其是那些我们感到陌生，却又与我们所处的行业息息相关的人，我们一定要鼓起勇气，设法与之建立起良好的关系。

· 学习使用商业工具，培养商业工具触觉

在商业中，绝大部分的进步都是依靠商业工具的变革和创新。最初人们靠报纸宣传，后来靠电视广告宣传，再后来靠互联网，现在靠电商、自媒体、直播……往往谁抓住了最新的商业工具，谁就能先人一步走在时代的前沿。因此，想要利用信息差赚钱，就要优先学会使用他人不会用的商业工具，并培养自己对商业工具的敏感性，能够分析出下一种流行的商业工具是什么。